Typenkompass

Deutsche Kriegsschiffe

Die Torpedoboote der kaiserlichen Marine

Eberhard Kliem

Einbandgestaltung: Luis dos Santos

Bildnachweis: Die zur Illustration dieses Buches verwendeten Aufnahmen stammen – wenn nicht anderes vermerkt ist – vom Verfasser.
Mit einer Einführung und weiteren Textbeiträgen in den Kapiteln 6, 7, 8 und 9 von Hans Karr.

Eine Haftung des Autors oder des Verlages und seiner Beauftragten für Personen-, Sach- und Vermögensschäden ist ausgeschlossen.

ISBN: 978-3-613-04016-8

Copyright © by Motorbuch Verlag, Postfach 103743, 70032 Stuttgart
Ein Unternehmen der Paul Pietsch Verlage GmbH & Co. KG

1. Auflage 2018

Sie finden uns im Internet unter www.motorbuch-verlag.de

Lektorat: Joachim Köster
Innengestaltung: Frank Zähringer
Druck und Bindung: Appel & Klinger, 96277 Schneckenlohe
Printed in Germany

■ 2

Inhalt

Robert Whitehead mit zerschlagenem Testtorpedo. (Foto: © PD)

Der englische Ingenieur und Konstrukteur Robert Whitehead war Mitte der 1860er Jahre Manager einer Metallgießerei in Fiume und mit der Herstellung von Dampfkesseln und -maschinen für Schiffe beschäftigt. Die Firma führte unter anderem auch Aufträge für die Österreichisch-Ungarische Marine aus. Zusammen mit dem Ingenieur Giovanni Luppis entwickelte er außerhalb seines eigentlichen Betätigungsfeldes einen mit Druckluft angetriebenen Unterwasserlaufkörper, der eine 9 kg schwere Sprengladung ca. 300 m bis 400 m weit transportieren konnte. Auch Luppis hatte zuvor schon für die Österreichisch-Ungarische Marine gearbeitet und so versuchte man zunächst, diese Idee einer neuen Waffe auch dort zu vermarkten. Die österreichische Marinekommission akzeptierte das nun allgemein als Torpedo (lat.: Zitterrochen) bezeichnete Gerät und vergab Folgeaufträge für eine Testproduktion. Damit begann eine Waffenentwicklung, die bald bei allen bedeutenden Marinen Aufmerksamkeit fand und die die bisher von der Artillerie geprägte Seetaktik beeinflussen sollte. Mitte der 1870er Jahre, als der Torpedo eine einigermaßen akzeptable technische Zuverlässigkeit erreicht hatte, begann die Konstruktion von speziellen dampfangetriebenen Fahrzeugen als dessen Trägerplattformen. Zunächst waren dies kleine, schnelle und wendige Boote mit einer Verdrängung von unter 100 t. Die Bootsgröße der relativ billigen und leicht in hoher Stückzahl zu bauenden Fahrzeuge wuchs allmählich an. Ihre Verbreitung in den Seestreitkräften nahm zu. Anfangs war der Einsatzbereich dieser nun als Torpedoboot bezeichneten Schiffe die eigene Küstensicherung und die Abwehr einer möglichen Nahblockade im Falle eines Krieges. Mit steigender Leistungsfähigkeit nahm die Verwendung dieser Einheiten allmählich offensive Züge an. Die Tendenz ging zu immer größeren, schnelleren und seetüchtigeren Fahrzeugen. Damit ergaben sich die Möglichkeiten des Einsatzes im erweiterten

Küstenvorfeld und im Zusammenwirken mit der eigenen Schlachtflotte.

Die ersten Torpedoboote bauten Ende der 1870er Jahre England und Russland, denen Frankreich bald folgte. In Deutschland begann, von einigen sogenannten Torpedodampfern abgesehen, die Einführung des neuen Schiffstyps in den Jahren 1882/1883 mit sieben 88 t großen und 33 m langen Fahrzeugen. Von einer Zweizylinder-zweifach-Expansionsdampfmaschine angetrieben, erreichten sie eine Geschwindigkeit von 18 kn und besaßen als Bewaffnung zwei 35-cm-Torpedorohre. Die Besatzungsstärke umfasste 13 Mann.

Rund zehn Jahre später war bei der Kaiserlichen Marine die Verdrängung der Torpedoboote schon auf 153 t angestiegen. Die 44 m langen Einheiten der Baureihe »S 43« bis »S 57« liefen mit einer Dreizylinder-dreifach-Expansionsdampfmaschine eine Geschwindigkeit von 20 kn. Drei 35-cm-Torpedorohre waren als Bewaffnung an Bord vorhanden. Außerdem besaßen die Einheiten ein 5-cm-Geschütz. Die Besatzungsstärke war mit 16 Mann immer noch relativ gering. Kurz vor der Jahrhundertwende gab es mit »S 82« bis »S 87« schon 48 m lange und 170 t große Torpedoboote im Dienst der Kaiserlichen Marine. Von einer Dreizylinder-dreifach-Expansionsdampfmaschine angetrieben, erreichten sie eine Geschwindigkeit von 25 kn und führten drei 45-cm-Torpedorohre sowie ein 5-cm-Geschütz als Bewaffnung. Die Besatzungsstärke war auf 29 Mann angestiegen. Die Gesamtzahl der bei der Kaiserlichen Marine in Dienst befindlichen Torpedoboote betrug im Jahre 1900 aus unterschiedlichen Bauserien 90 Einheiten. Zwölf weitere Torpedoboote waren im Bau.

Der Trend ging mit den ständig steigenden Anforderungen hinsichtlich Bewaffnung, Geschwindigkeit und Fahrbereich zu immer größeren und seetüchtigeren Torpedobooten. Längst waren sie vom reinen Einsatz in der Küstenverteidigung weggekommen. Ein gemeinsames Operieren mit der Hochseeflotte war neben sich aus der Lage ergebenden Einzeleinsätzen das neue taktische Einsatzszenario der Torpedobootsverbände geworden. Im Feuerlee der Linienschiffe einigermaßen vor Feindbeschuss geschützt,

Im Bild oben ein früher Torpedo von Whitehead aus den Jahren 1868–1870, in der Mitte ein weiterer Torpedo von ihm aus dem Jahr 1890. Ganz unten: Das Vorbild, ein Küstenbrander von Giovanni Luppis. (Foto: © PD)

Torpedoboote aus der Bauserie »S 43« bis »S 57« aus den frühen 1890er Jahren. Im Seekrieg 1914–1915 kamen sie noch als Minensuchboote zum Einsatz. (Foto: Archiv DMB)

Das Bild zeigt das enge Fahren im Verband, wozu hohes seemännisches Können und Geschick gehörten. Zu sehen sind zwei Torpedoboote aus der Bauserie »S 82« bis »S 87« aus den Jahren 1897/1898. (Foto: Archiv DMB)

sollten sie sich als geschlossene Gruppe bereithalten, um dann in breiter Phalanx durch die Kiellinie der eigenen Großkampfschiffe durchzubrechen und mit Höchstgeschwindigkeit den durch Artilleriebeschuss bereits angeschlagenen Gegner in einem Torpedoangriff aus nächstmöglicher Nähe zu versenken. Die niedrige Silhouette und der schwarze Farbanstrich machten die Torpedoboote bei Nacht nahezu unsichtbar. Sie waren daher eine durchaus ernst zu nehmende Gefahr für die in ihrem Unterwasserschiff nicht oder nur schwach gepanzerten Großkampfschiffe.

Die Gesamtzahl der bei der Kaiserlichen Marine in Dienst befindlichen Torpedoboote betrug im Jahre 1900 aus unterschiedli-

mit der Hochseeflotte war neben sich aus der Lage ergebenden Einzeleinsätzen das neue taktische Einsatzszenario der Torpedobootsverbände geworden.

Soweit die Theorie, die zu Friedenszeiten in den Manövern kräftig geübt wurde, denn diese Taktik bedurfte hohes seemännisches Können und gute Ausbildung bei den Besatzungen, zumal wenn sie nachts und / oder bei schlechten Wetterlagen angewandt werden musste. Dabei passierten auch oft schwere Havarien bis hin zum Verlust von Einheiten. So misslang am 4. März 1913 dem Torpedoboot »S 178« das Durchbruchsmanöver vor dem Großen Kreuzer »Yorck«. Dieser rammte das Boot in Höhe der Turbinen- und Kesselräume. Innerhalb weniger Minuten war »S 178« gesunken. Insgesamt 69 Mann seiner Besatzung nahm das Boot mit in die Tiefe. Im Seekrieg des Ersten Weltkrieges kam dann alles anders.

Die operativen Lagen, auf die man sich zu Friedenszeiten eingestellt hatte, traten nicht ein. Zum geschlossenen Torpedobootsangriff gab es keine Gelegenheit. Ausnahmen bildeten nur die Doggerbank- und die Skagerrakschlacht. Allerdings verlief hierbei der Torpedobootseinsatz auf beiden Seiten nicht so optimal. Zu Versenkungserfolgen ist es nicht gekommen. In den verschiedensten Formen des Seekrieges wurden sie quasi als »Mädchen für alles« eingesetzt. Der Englische Kanal, die südliche Nordsee und die Deutsche Bucht waren ihre Haupteinsatzgebiete. Vorpostendienst, Sicherungsdienst und zum Teil sehr weiträumige Aufklärungseinsätze bestimmten ihren Alltag. Ältere Boote wurden zudem umgerüstet und als Minensuchboote verwendet.

Die F. Schichau Werft in Elbing blieb zunächst über lange Zeit alleiniger Hersteller deutscher Torpedoboote. Überwiegend waren sie mit drei Torpedorohren ausgerüstet, wovon das starre Bugrohr unter Wasser lag. Die Walrückenback war ihr besonderes Markenzei-

chen Bauserien 90 Einheiten. Zwölf weitere Torpedoboote waren im Bau. Der Trend ging mit den ständig steigenden Anforderungen hinsichtlich Bewaffnung, Geschwindigkeit und Fahrbereich zu immer größeren und seetüchtigeren Torpedobooten. Längst waren sie vom reinen Einsatz in der Küstenverteidigung weggekommen. Ein gemeinsames Operieren

In bewegter See war es für die Torpedoboote oft schwer, den großen Einheiten der Flotte zu folgen. (Foto: Archiv DMB)

chen. Erst 1897 gelang es auch der Kieler Germaniawerft im Torpedobootsbau Fuß zu fassen. Später sollten noch die A.G. Vulcan in Stettin und die Howaldtswerke in Kiel hinzukommen.

Auch die Kaiserliche Werft in Wilhelmshaven legte 1917 noch ein Torpedoboot auf Kiel, stellte es jedoch nicht mehr fertig. An Stelle von Schiffsnamen führten die Torpedoboote eine fortlaufende Nummerierung, welcher der Kennbuchstabe der Bauwerft

(S=Schichau, G=Germaniawerft, V=Vulcan, H=Howaldtswerke, Ww=Kaiserliche Werft) vorangestellt war. Später wurden die Kennbuchstaben der im Dienst befindlichen Boote einheitlich durch ein »T« ersetzt, denn mit dem Bau von »V 1«, »G 7« und »S 13« begann 1911 eine neue Zählreihenfolge und man vermied so eine Wiederholung von Bootsnummern.

Hans Karr

Ein Torpedoboot durchbricht dicht hinter dem Heck eines Großkampfschiffes die Kiellinie, um zum Torpedoangriff überzugehen. (Foto: Sammlung Karr)

Kapitel 1

Schwieriger Beginn

Entwicklung bis zum Jahr 1889

In den Jahren 1885 bis 1898 bauten verschiedene Werften in Deutschland Torpedoboote, die nicht einer gleichen Grundidee folgten, sondern verschiedene Abmessungen und unterschiedliche Ausrüstungen aufwiesen. Es handelte sich um Boote von 150 t bis 200 t Verdrängung, die Höchstgeschwindigkeit lag nicht höher als 20 bis 25 Knoten. Die Hauptangriffswaffe war ein Torpedorohr, gedacht für einen Massenangriff auf die gegnerische Gefechtslinie der Großen Schiffe wie Panzerkreuzer und Linienschiffe. Als Serie wurden sie in der relevanten Literatur bezeichnet als:

»Torpedoboot 1885«
»Torpedoboot 1892«
»Torpedoboot 1898«

Der Gefechtswert war gering, die Einsatzmöglichkeiten, noch dazu bei schlechtem Wetter, eingeschränkt. Als »Führungsboote« wurden zehn sogenannte Divisionsboote »D 1« bis »D 10« bei der Schichauwerft gebaut, die aber auch nur ein 45-cm-Torpedorohr und ein 5-cm-Geschütz besaßen. Aus diesem Typ entwickelte sich dann das »Große Torpedoboot 1898«.

Der Bau dieser »Kleinen Torpedoboote«, mit der Nummerierung beginnend bei »S1« bis »G 98«, wurde 1898 aufgegeben und das »Große Torpedoboot« als Einheitstyp – allerdings mit unterschiedlichen »Werftmerkmalen«, z. B. G(ermania), V(ulcan) S(chichau), – gebaut.

Das Torpedoboot »S 130« und der Minendampfer »Nautilus«. (Foto: Archiv DMB)

Über die ersten deutschen Torpedoboote:

(aus »Deutschlands Seemacht« von Georg Wislicenus von 1896)

»In der deutschen Marine waren die ersten zehn Torpedoboote, die 1882 erbaut wurden, wie damals in allen Flotten noch sehr klein, hatten nur 50 Tonnen Wasserverdrängung, 500 PS Maschinenkraft und 16 bis 17 Seemeilen Geschwindigkeit. Die späteren Boote, die bis zum Jahre 1890 hauptsächlich von Schichau in Elbing, aber auch vom Stettiner Vulcan und von anderen deutschen Werften erbaut wurden, ungefähr 80 Stück im ganzen, waren schon 75 bis 90 Tonnen groß, ihre Einschraubenmaschinen leisteten zwischen 600 und 1000 Pferdekraft, ihre Geschwindigkeit steigerte sich nach der Zeit der Erbauung von 19 auf 22 Seemeilen. Die seit 1890 nur von Schichau gebauten Torpedoboote, ungefähr 40 Stück, nämlich S 65 bis S 104, sind erst eigentliche Hochseetorpedoboote, denn sie sind 110 bis 150 Tonnen groß, ihre Maschinen sollen 1500 bis 2500 PS leisten und dabei etwa 26 Seemeilen Geschwindigkeit geben. Diese Boote sind etwa 44 m lang und 5 m breit; sie übertreffen also die Kanonenboote Wolf und Iltis um 2 und 2,5 m. Drei Torpedoboote wurden 1884 als Proben bei Thornycroft und Narrow in England gekauft und zeigten weniger gute Eigenschaften, als die deutschen von Schichau gebauten Boote. Die meisten Boote haben drei Torpedorohre, von denen das Bugrohr unter Wasser ist, während die beiden schwenkbaren Breitseitrohre auf dem Oberdeck über Wasser liegen. Die kleinen Kommandotürme der Torpedoboote dienen zugleich als Träger der beiden 5-cm-Schnellfeuerkanonen, mit denen die Boote zum Kampfe gegen Wachtboote und Torpedoboote ausgerüstet sind. Die Stärke der Besatzung schwankt zwischen 15 und 20 Mann. Die seltsame, niedere Form der Torpedoboote soll sie bei Nacht möglichst unsichtbar machen und soll überhaupt eine kleine Zielfläche für die feindlichen Schnellfeuergeschütze bieten. Vorn steigt das gewölbte sogenannte Walfischdeck bis zum vorderen Turme etwas an, um die Macht der überbrechenden Wellen abzuschwächen. Unter dem Walfischdeck ist der Mannschaftsraum, der zugleich Aufbewahrungsraum für die Torpedos ist, die dort ohne die mit Schießbaumwolle geladnen Köpfe lagern. Auch eine Küche, eine Kombüse (...) ist da, auf deren Herd das Essen mit Dampf gekocht wird. Im vorderen Turm (...) sind alle Kommandoelemente, also außer dem Ruder auch Maschinentelegraph, Kompass, Sprachrohre untergebracht, sowie die Abzugsgestänge (zum Abfeuern) des Bugtorpedorohrs. Die größeren Torpedoboote sind in ungefähr zehn wasserdichte Abteilungen durch Querschotte geteilt. Unter dem Schornstein liegt der Kesselraum mit zwei Lokomotivkesseln; die älteren Boote haben nur einen Kessel. Die Kohlenbunker neben den Kesselräumen schützen vor dem Einschlagen von Granatsplittern. In dem Raume hinter den Kesseln ist die Maschine aufgeteilt; die neuen Boote sollen Doppelschraubenmaschinen in zwei durch ein Längsschott von einander getrennten wasserdichten Abteilungen haben. Hinter dem Maschinenraum liegen die Kommandantenkajüte nebst Baderaum und Vorratsraum, die Maschinistenkammern, sowie mehrere Munitions- und Provianträume. Jedes Torpedoboot hat mehrere kleine Dampfmaschinen zum Betriebe des Ruders, der Luftpumpen zum Füllen der Torpedos mit Pressluft, die die Triebkraft bildet, ferner zum Betriebe der elektrischen Signalapparate und des Scheinwerfers.«

Das große Torpedoboot »G 136« auf einer Postkarte von 1915. (Foto: © PD)

Das große Torpedoboot »G 137« auf einer Fahrt noch vor Ausbruch des Ersten Weltkrieges. (Foto: Arthur Renard, © PD)

Im August 1900 vom Stapel gelaufen, befand sich »S 95« (links im Bild) bis 1921 im Einsatz. (Foto: Arthur Renard, © PD)

Über die Divisionsboote:

(aus »Deutschlands Seemacht« von Georg Wislicenus von 1896)

»Die deutsche Marine hat jetzt zehn fertige Torpedodivisionsboote, die D. 1 bis D. 10 genannt sind. In der englischen Flotte heißen 62 Fahrzeuge ganz ähnlicher Art und Größe Torpedobootszerstörer (destroyers), in der französischen Flotte sind 11 ähnliche Gegentorpedoboote (contretorpilleurs) vorhanden. Unsere Torpedodivisionsboote sind nämlich von der Schichauwerft in Danzig in den Jahren 1887 bis 1895 erbaut, sind 300 bis 380 Tonnen groß, 57 bis 65 m lang, etwa 7 m breit und tauchen ungefähr 3 m tief, leisten mit ihren Doppelschraubenmaschinen 2000 bis 4000 Pferdestärke und laufen 21 bis 26 Seemeilen Fahrt. Der Kohlevorrat soll bis zu 90 Tonnen betragen. Bewaffnet sind die Torpedodivisionsboote mit vier bis sechs 40 Kaliber langen 5-cm-Schnellfeuerkanonen, sowie mit drei bis vier Torpedorohren, die bei den neuesten sehr schnellen Booten nur auf dem Oberdeck als Breitseitrohre angebracht sind, weil der Torpedo, der selbst nur etwa 30 Seemeilen Geschwindigkeit erreicht, nicht aus dem Bugrohr des fast ebenso schnell laufenden Boots heraus geschossen werden kann. Die Divisionsboote haben ungefähr 40 Mann, die Hochseetorpedoboote 20 Mann und die kleineren etwa 15 Mann Besatzung.«

Kapitel 2

Das Reichsmarineamt und die deutschen Torpedobootswerften

Gemälde von der Vulcan Werft aus dem Jahr 1866 mit der im Bau befindlichen »Oldenburg«.

Der Aufbau der Kaiserlichen Marine nach ihrer Gründung 1871 fiel in eine Zeit großer operativer, taktischer und technischer Neuerungen im Bereich der allgemeinen Seekriegsführung. Der erste Chef der Admiralität, Albrecht von Stosch (1818–1896), hatte als Heeresgeneral keinerlei Erfahrung hinsichtlich des Einsatzes von Seestreitkräften. Gleiches galt für seine Nachfolger, General Leo von Caprivi (1831–1899). Die weitere Entwicklung war daher zögerlich, folgte unterschiedlichen operativen Vorstellungen und hatte zudem wenig Halt in der Reichsregierung. Grundsätzlich war der Einsatz der Schiffe und Boote der Flotte defensiv angelegt. Das Torpedoboot als Waffe einer schwächeren Marine passte daher gut in dieses Einsatzkonzept. Nach ersten tastenden Versuchen mit Booten, die noch Spierentorpedos verwenden mussten, begann etwa ab 1882 eine mehr systematische schiffbauliche Entwicklung dieses Bootstyps und gleichzeitig die Erprobung von geeigneten taktischen und operativen Einsatzkonzepten, der Entwicklung geeigneter Torpedos und eine brauchbare

Der erste Chef der Admiralität, Albrecht von Stosch. (Foto: © PD)

(Foto: Deutsches Historisches Museum, © PD)

Artilleriebewaffnung. Auch hinsichtlich der Namensgebung wurde eine durchgehende Systematik eingeführt. Die Boote erhielten einen die Bauwerft identifizierenden Kennbuchstaben und eine folgende durchlaufende Nummer: B stand für Blohm und Voß in Hamburg, G für Germania Werft in Kiel, H für Howaldtswerke in Kiel, S für Schichauwerft in Elbing und V für Vulcan-Werft in Stettin. Die Baupolitik des Reichsmarineamtes in Berlin setzte den Werften nur grobe Richtlinien für die Dimensionierung des eigentlichen Schiffskörpers. Strikt vorgege-

ben waren aber die Auslegung des Antriebes einschließlich der Reichweite, der Bewaffnung (Torpedo und Artillerie) und der Besatzungsstärke. In der marinehistorischen Literatur wird daher nicht von Bootsklassen, sondern von Schiffsserien einer bestimmten Werft und eines bestimmten Baujahres gesprochen. Grundsätzlich wurde ab dem Torpedoboot SMS »S 90« die Bezeichung »Großes Torpedoboot« als übergreifende Typbezeichung eingeführt.

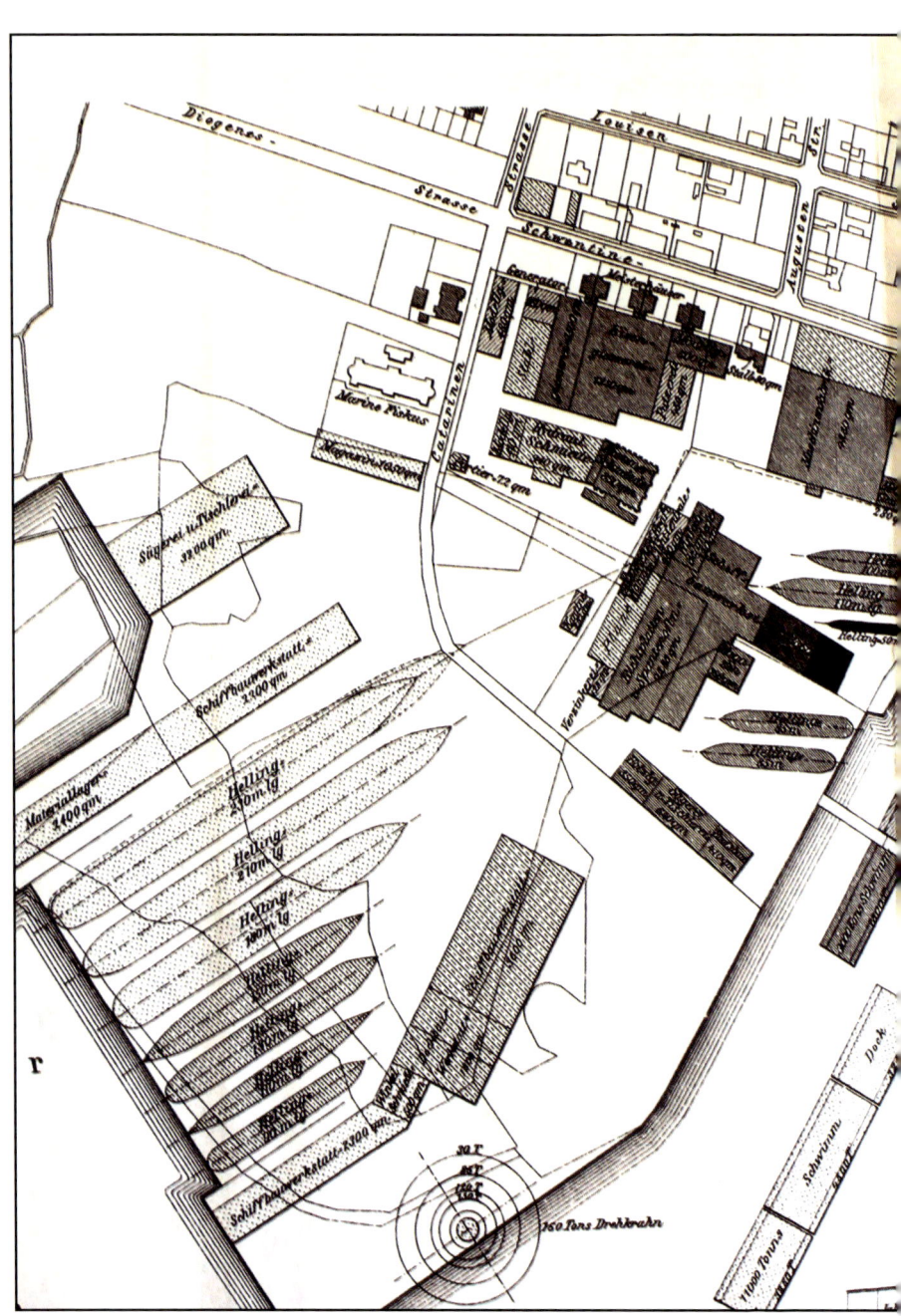

Plan der Howaldtswerke von 1900. (Foto: Dr. Karl Heinz Hochhaus, © CC-BY-SA-3.0)

Über die Einsatztaktik von Torpedobooten

(aus »Deutschlands Seemacht« von Georg Wislicenus von 1896)

»Deshalb teilt man jetzt in den meisten Flotten die Torpedoboote von weniger als 100 Tonnen Größe der Küstenverteidigung zu und bestimmt für die Begleitung der Schlachtflotte im Hochseekrieg nur die größten Boote und ganz besonders die sehr selbständigen sogenannten Torpedobootszerstörer.«

»Dazu (zur Küstenverteidigung) werden Bootsdivisionen längs der Küste in solchen Häfen verteilt, die in engen Fahrwassern allerlei Schlupfwinkel bieten, worin sich die Torpedoboote bei Tage weit genug zurückziehen können, dass sie keinem feindlichen Geschützfeuer ausgesetzt sind.«

»Mit kleinen schnellen Fahrzeugen, den Torpedobooten, wollte man bei Nacht und Nebel die Panzerriesen (Panzerschiffe) bekämpfen und sie durch einzelne Torpedotreffer aus kurzer Entfernung (von 400–500 m) vernichten. Besonders die kleinen Seemächte, also auch die deutsche, griffen nach dieser Waffe des Schwächeren, die gegen die größten Flotten gute Erfolge versprach; gute Erfahrungen (...) führten zu einer Überschätzung der Waffe.«

»Da die Torpedoboote beim Angriffe auf große Schiffe nur Aussicht auf Erfolg haben, wenn gleichzeitig ein größerer Schwarm der kleinen Fahrzeuge gegen den Feind geschickt werden kann, so vereinigt man etwa sechs bis acht Boote zu einer Torpedobootsdivision. Diese taktische Einheit wird von einem größeren Fahrzeuge, dem sogenannten Torpedoboots-divisionsboote, angeführt; das große Fahrzeug erleichtert das Aufsuchen des Feindes und überhaupt die gute Innehaltung des bestimmten Kurses und Seewegs, weil auf ihm viel besser Ausguck nach feindlichen Schiffen und nach Landmarken aller Art, wie Leuchttürmen, Feuerschiffen und Fahrwassertonnen, gehalten werden kann. Durch das größere Führerschiff wird die ganze Division der Torpedoboote selbständiger in ihren Bewegungen. Das Divisionsboot ist seiner kräftigeren Maschine wegen auch imstande, beschädigte Torpedoboote zu schleppen, Werkzeuge zum Ausbessern von Schäden, einen Arzt zur Behandlung verletzter Mannschaften, Reservemunition und andres den einzelnen Booten zu liefern.«

Das Hochsee-Torpedoboot »S 90«. (Foto: © PD)

Die Howaldtswerke um 1880. (Foto: © PD)

Planung, Entwicklung und Bau des »Großen Torpedobootes« mit seinen Varianten – ein Überblick:

- Großes Torpedoboot **1898**
- Großes Torpedoboot **1906**
- Großes Torpedoboot **1911**
- Großes Torpedoboot **1913**
- Torpedoboot **1914**
- Torpedoboot **1915**
- Torpedobootzerstörer (ursprünglich Lieferung an das russische Kaiserreich)
- Torpedoboot **1916**
- Großes Torpedoboot **1916**
- Großes Torpedoboot **1916** Mob
- Großes Torpedoboot **1918** Mob
- Flandern Boote A-Typ
- B-Typ Blohm und Voss (ursprünglich Lieferung an Argentinien)

Gemälde der Germania Werft von Heinrich Kley von 1911. (Foto: © PD)

Kapitel 3

Das »Große Torpedoboot«

Die grundsätzliche technische Auslegung

Die technischen Dimensionen der Boote, die unter dieser offiziellen Bezeichnung zusammengefasst waren, änderten sich ab der Jahrhundertwende 1900 ziemlich deutlich. Das Boot »S 90« der Schichauwerft war mit fast 800 t doppelt so groß wie die Vorgängerserie, hatte zwei Schrauben und führte als Bewaffnung drei Torpedo-Rohre und drei 5-cm-Kanonen. Das war der Ausgangstyp aller weiteren Torpedobootskonstruktionen und Entwicklungen.dieser Weg wurde nun konsequent weiter beschritten mit der Einführung von Turbinen für die Antriebsanlagen, Verbesserung der Torpedo- und Artilleriebewaffnung und einer stetigen Erhöhung des Deplacements, was zur Verbesserung der Seeeigenschaften führen sollte. Im Vordergrund jeglicher planerischen und schiffbaulichen Überlegungen stand stets der Einsatz als Torpedoträger. In den Jahren 1911 bis 1912 trat eine Veränderung insofern ein, als dass der Leiter der Torpedoinspektion Admiral Wilhelm Lans den Bau einer deutlich

Torpedoboot »S 90« im Jahr 1901. (Foto: Arthur Renard, © PD)

Die »S 90« im Jahre 1903. (Foto: © PD)

kleineren Version »V 1« bis »S 24« befahl – bekannt und in der Hochseeflotte wegen seines geringen Einsatzwertes wenig akzeptiert als sogenannte »Lanskrüppel« und späterhin nur sporadisch eingesetzt bei den Kämpfen im Englischen Kanal vor der flandrischen Küste.Grundsätzlich wurde der Bau des Typs »Großes Torpedoboot S 90« wiederaufgenommen und das Boot weiterentwickelt. Eine eigenständige Entwicklung stellten ebenfalls die Seriennummern »B 97/98« und »B 09–

B12« dar. Auf der Grundlage von eigentlich für Zerstörer der Kaiserlich Russischen Marine eingekauften Maschinenanlagen wurde ein 1350 t großes Torpedoboot gebaut. Es hatte vier statt drei 8,8-cm-Geschütze und war um drei Knoten schneller als die »herkömmlichen« Boote. Im Krieg bewährten sie sich im Verband der II. Flottille zusammen mit den ebenfalls nicht nach Russland abgelieferten Booten »G 101« bis »G 104«, die ähnlich groß ausgelegt und ausgerüstet waren.

Das »Große Torpedoboot«
Bewaffnung und Schiffsantrieb

Die sich von dieser Ausgangslage weiterentwickelnden Boote hatten später bis zu sechs Torpedorohre und drei 8,8-cm-Geschütze. Während des Krieges erhöhte sich die Tonnage auf fast 1000 t.

Die Torpedowaffe der Boote war bei Kriegsausbruch technisch modern und entsprach dem internationalen Standard. Anders sah es bei der artilleristischen Bewaffnung aus. Drei Geschütze mit dem Kaliber 8,8 cm waren mehr als dürftig. Jahre später, 1928, stellte ein Torpedobootskommandant des Ersten Weltkrieges – nun Kommandeur der II. Torpedobootsflottille der Reichsmarine – die damalige Situation recht drastisch dar:

»Ich kannte manchen ernsten Torpedobootsfahrer, der am liebsten die Kanonen ausgebaut haben wollte. Als Charakteristikum will ich nur erwähnen, dass wir bis weit in den Krieg hinein nicht mal einen Zielapparat für die Nacht hatten und dass am 28. August 1914 [dem Einbruch der Briten in die Deutsche Bucht] die Geschützführer bei den Zerstörerkämpfen über das Ziel in den Himmel abkommen mussten, weil der Aufsatz auch auf mittlere Entfernung nicht mehr langte.«

Korvettenkapitän Hermann Boehm

Die Situation verbesserte sich im Laufe des Krieges deutlich durch den Einbau von Geschützen des Kalibers 10,5 cm. Die deutschen Torpedoboote blieben den britischen Zerstörern artilleristisch jedoch weiterhin unterlegen.

Die Maschinenanlage mit reiner Ölfeuerung und vier Kesseln leistete 23.000 WPS und erreichte damit im Schnitt 34 Knoten. Durch zusätzliche Einbauten sank die Durchschnittsgeschwindigkeit später auf 32 Knoten. Die äußere Erscheinung änderte sich mit den Erfahrungen im Einsatz, insbesondere bei schlechtem Wetter. Die Boote erhielten eine längere Back, durch die die Seefähigkeit erhöht und die Unterbringungsmöglichkeiten für die steigenden Besatzungsstärken verbessert wurden.

Schiffbautechnisch waren die deutschen Boote robust und widerstandsfähig, hinsichtlich ihrer Tonnage und des zu kurz konstruierten Vorschiffes jedoch zu klein und deswegen in der meist rauen Nordsee schnell in den Bereichen, in denen ein Waffeneinsatz kaum mehr erfolgreich möglich war. Schlimmstenfalls musste der Einsatz abgebrochen werden, weil die Boote Sturm und Seegang nicht mehr standhalten konnten.

Hinzu kam, dass aufgrund der im Vergleich zu Friedenszeiten drastisch gestiegenen Einsatzzeiten der Torpedoboote im Vorpostendienst und bei gelegentlichen Minenlegeoperationen bis unter die englische Küste die Übernahme von Kohle und anderen Betriebsstoffen nahezu zum »wöchentlichen Brot« wurde. Ein weiteres Ergebnis der hohen

Einsatzzeiten war die Notwendigkeit, in viel kürzeren Abständen als vorher zu den obligatorischen großen Kesselreinigungen entweder in die Werft zu gehen oder, bei kleineren Reinigungen, die Besatzung zusätzlich auch noch damit zu belasten.

Alle modernen Torpedoboote waren mit einer gemischten, aus Öl- und Kohlekesseln bestehenden Antriebsanlage ausgerüstet. Diese Antriebsanlagen hatten den Nachteil, dass die Boote der Germania Werft (G-Klasse) ab einer Geschwindigkeit von 18–21 Knoten »funkten«, d. h. aus den Schornsteinen entwich ein reger und weithin sichtbarer Funkenflug. Die Boote der Vulkan-Werft (V-Klasse) zeigten diese Eigenschaft erst ab 25 Knoten.

Ein 8,8-cm-Geschütz auf einem Minensuchboot. (Foto: Archiv DMB)

Für einen Nachteinsatz – und dies wurde im Laufe des Krieges der Normalfall – war dieser Funkenflug ein gefährlicher Nachteil, da er dem Gegner die Position und den Kurs der Boote verriet. Die britischen Torpedoboote besaßen eine reine Ölfeuerung, die ihnen eine hohe Dauergeschwindigkeit und eine schnell erreichbare Höchstgeschwindigkeit sicherte – im Seekrieg ein bedeutender Vorteil.

Der Kreiselkompass war zwar schon erfunden, aber auf den Torpedobooten noch nicht eingeführt und die astronomische Navigation gestaltete sich auf den ständig schwankenden Booten sehr schwierig und ungenau. Im Kriegstagebuch der VI. Flottille der Kaiserlichen Marine befinden sich Ausschnitte aus Gefechts- und Einsatzkarten, die bei der nachträglichen Auswertung die nicht unerheblichen navigatorischen Abweichungen deutlich machen.

Geschützexerzieren auf einem Torpedoboot am Geschütz 10,5 cm SK L/45. (Foto: Archiv DMB)

Kapitel 4

Die Kriegsorganisation

Die Organisation der Marine blieb lange Zeit ziemlich unverändert. Den Kern der Seestreitkräfte bildeten die Hochseeflotte und die Aufklärungsstreitkräfte. Diesem Bereich waren auch die modernen Torpedoboote zugeordnet, die ihrerseits wiederum in Flottillen mit bis zu zehn Booten zusammengefasst und taktisch auch so geführt wurden.

Die Hochseeflotte

Die Kaiserliche Marine trat mit insgesamt sieben aktiven Torpedoboots-Flottillen mit jeweils zehn bis zuweilen elf Booten in den Krieg ein. Während des Krieges gab es auch zeitweilig eine VIII. und IX. Flottille. Die Anzahl der Einheiten in den Flottillen variierte leicht, da manche Flottillen etatmäßig weniger als neun, manche wiederum ein zusätzliches Führerboot erhielten, wenn ein Flottillenchef von See aus führte, was zumeist der Fall war. Es war verständlich, dass die Chefs die Zusammensetzung ihrer Flottille konstant halten wollten. Daher bemühten sie sich um eine schnelle Rückführung der Boote, die nach Beschädigung, Werftliegezeiten oder einer kurzfristigen Verschiebung in eine andere Flottille aus dem eigenen Verbund ausgeschieden waren. Das

Großadmiral Alfred von Tirpitz. (Foto: © PD)

Die Reichskriegsflagge. (Foto: © PD)

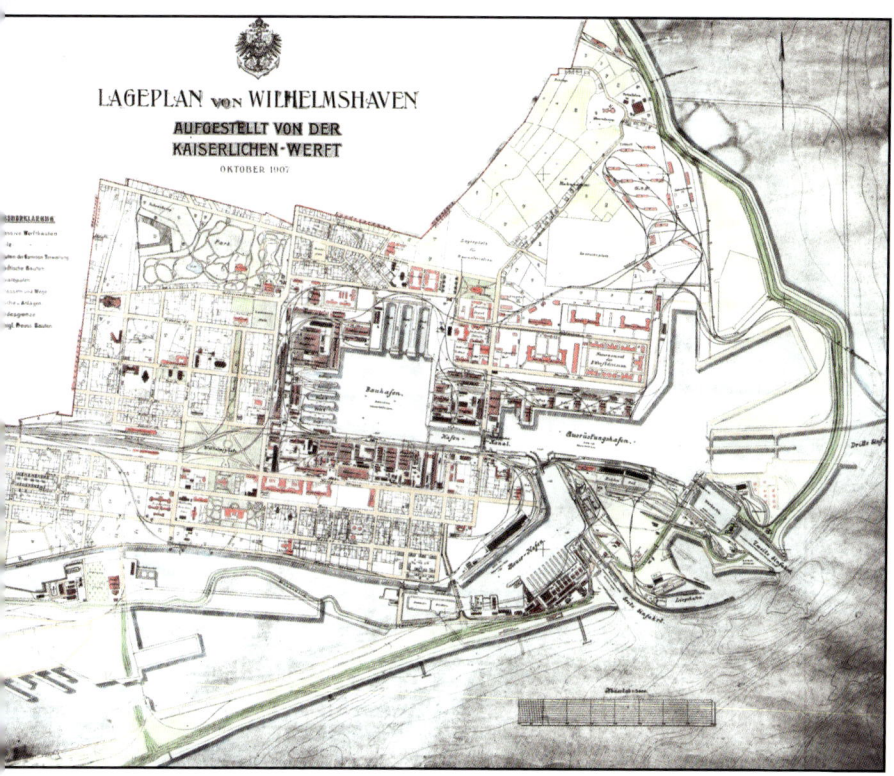

Lageplan von Wilhelmshaven aus dem Jahr 1907.

war ein ungeschriebenes Gesetz und ermöglichte eine enge und persönliche Menschenführung. Folgerichtig waren an den Meutereien und Widersetzlichkeiten 1918 auch keine Einheiten der Torpedobootsflottillen beteiligt. Geführt wurden die Flottillen der Hochseeflotte vom Stab der Hochseeflotte in Wilhelmshaven. Anfänglich waren dies die »Führer der I. und II. Torpedobootsverbände bei der Hochseeflotte«, später zusammengefasst unter dem »I. Führer der Torpedoboote« (F.d.T.), später »Befehlshaber der Torpedobootsstreitkräfte« (B.d.T.), deren Befehlsstellen jeweils ein zugeteilter Kleiner Kreuzer der Hochseeflotte waren. Die einzelnen Torpedobootsflottillen waren wie folgt zusammengesetzt und zugeordnet (Stand August 1916). Dabei änderte

sich bisweilen die Zuordnung zum Gros der Flotte bzw. zu den Aufklärungsstreitkräften je nach operativer und taktischer Lage:

Hochseeflotte

I. Flottille:
G 39, G 40, G 38, S 32
III. Flottille:
S 53, V 71, V 73, G 88, S 54, V 48, G 42
IV. Flottille:
G 11, V 2, V 4, V 6, V 1, V 3, G 8, G 7, V 5, G 9, G 10
VII. Flottille
S 24, S 15, S 17, S 20, S 16, S 18, S 19, S 23, V 189
IX. Flottille
S 28, V 29, V 2, S 36, S 51, S 52, V 30, S 34, V 29, S 35

Torpedoboote »S 17« und »S 19« der VII. Flottille. (Fotos: Sammlung Karr)

Torpedoboote im »Päckchen«.

Boote der IX. Torpedobootsflottille.

Die Aufklärungsgruppen

Die Boote der A I-, A II- und A III-Bau-Serie (»A 1« bis »A 95«) waren taktisch und operativ abweichend von der normalen Zuordnung dem Kommandeur der flandrischen Front unterstellt. Sie wurden von dessen Stab auch im Einsatz im Kanal und vor der flandrischen Küste geführt.

II. und VI. Aufklärungsgruppe

II. Flottille:
G 101, B 98, G 102, B 112, B 97, B 109, B 110, B 111, G 103, G 104

IV. Flottille:
G 41, V 44, G 87, G 86, V 69, V 45, V 46, S 50, G 37

Kommandoflagge des Flottenadmirals vor 1919. (Foto: © PD)

Torpedoboote der VI. Flottille im Hafen von Helgoland.

Kapitel 5

Das »Große Torpedoboot 1898«

Die Einheiten dieser Serie waren:

- S 90 bis S 107, Stapellauf 1899 bis 1901
- G 108 bis G 113, Stapellauf 1901 bis 1902
- S 114 bis S 131, Stapellauf 1902 bis 1906
- G 132 bis G 137, Stapellauf 1906 bis 1907

Torpedoboote »G 108« und »S 102«. (Gemälde von Hugo Graf, © PD)

Das Torpedoboot »S 97« diente unter dem Namen »Sleipner« als Depeschenboot der Kaiserlichen Yacht »Hohenzollern«. (Foto: © PD)

Mit dem 1898 auf Kiel gelegten und am 26. Juli 1899 vom Stapel gelaufenen Torpedoboot »S 90« begann die erste Bauserie von Großen Torpedobooten der Kaiserlichen Marine. Gegenüber den bisher gebauten Torpedobooten hatten sie bessere Seeeigenschaften, größere Seeausdauer und eine stärkere Bewaffnung. Insgesamt 48 Einheiten entstanden in den nächsten Jahren auf der Schichau Werft und der Germaniawerft. Mit dem dort gebauten Boot »G 137« kam dieses Programm zum Abschluss.

Die Boote waren nicht von einer einheitlichen Konstruktion. Die Verdrängung der als gute Seeschiffe angesehenen Torpedoboote bewegte sich zwischen 396 t bis zu 693 t, entsprechend die Schiffslänge von 63 m bis 72 m. Zwei Dreizylinder-dreifach-Expansionsdampfmaschinen, jeweils auf eine Welle geschaltet, verliehen ihnen eine Geschwindigkeit von 27 kn bis 28 kn. Die Boote »S 125« und »G 137« waren Drei-Wellen-Schiffe und die ersten mit Dampfturbinen ausgerüsteten Einheiten der Kaiserlichen Marine. Das Torpedoboot »G 137« erreichte eine Geschwindigkeit von 32 kn. Die Bewaffnung bestand aus drei schwenkbaren Oberdeckstorpedorohren im Kaliber von 45 cm. Diese Art der Torpedoeinrüstung sollte für alle nachfolgenden Bootstypen beibehalten werden. Die Artillerie

Boot, den japanischen Kreuzer »Takatschio« durch einen Torpedo zu versenken. In der aussichtslosen Lage des Pachtgebietes in Folge des Vorrückens der japanischen Streitkräfte musste sich das Boot später dem Zugriff der Japaner durch Selbstversenkung entziehen. Das Torpedoboot »S 97« stellte am 28. Mai 1900 in Dienst. Schon drei Tage später wurde es in »Sleipner« umbenannt und war anschließend bis Kriegsausbruch als Depeschenboot der Kaiserlichen Yacht »Hohenzollern« zugeordnet. Als solches hatte es keine Torpedobewaffnung. Nach Kriegsausbruch kam das Boot als »T 97« im Küstenschutz sowie im Geleit- und Vorpostendienst in Verwendung. In die Reichsmarine übernommen, erfolgte 1921 der Verkauf und anschließende Abbruch des Torpedobootes.

umfasste 5-cm-Geschütze in unterschiedlicher Anzahl. Einige Boote waren auch schon mit einem 8,8-cm-Geschütz ausgerüstet. Die Besatzungsstärke betrug auf diesen Booten bereits 51 Mann.

Mit »S 90«, »S 91« und »S 92« kamen ein einziges Mal in der Geschichte der deutschen Torpedoboote drei Einheiten im Auslandsdienst in Verwendung. Sie verlegten im Sommer 1900 wegen des Boxeraufstandes nach Ostasien. »S 90« und »S 92« kehrten anschließend wieder nach Deutschland zurück. Das Schwesterboot »S 91« blieb im deutschen Pachtgebiet Kiautschou stationiert. Nach Kriegsausbruch 1914 gelang es dem

Das Torpedoboot »G 108« im Jahr seiner Indienststellung 1902. (Foto: © PD)

Das Torpedoboot »S 117« sollte im Jahr 1914 Opfer eines britischen Leichten Kreuzers und mehrerer Zerstörer werden. (Foto: © PD)

»S 123« lief im Jahr 1916 auf eine Mine auf. (Foto: © PD)

»S 125« wurde im Jahr 1905 in Dienst gestellt und im Vorpostendienst und Küstenschutz eingesetzt. (Foto: US Naval History, © PD)

Das Torpedoboot »G 137« verfügte über einen Dampfturbinenantrieb und erreichte eine Spitzengeschwindigkeit von 32 kn. (Foto: Archiv DMB)

Einzelschicksale

S 90: Indienststellung Juli 1899.   Einsatz in Tsingtau, Küstenschutz, gestrandet im Oktober 1914.
S 91: Indienststellung April 1900.   Einsatz in Tsingtau, Küstenschutz, verkauft im Mai 1921.
S 92: Indienststellung Juni 1899.   Einsatz im Ausland bis 1902, Kriegseinsatz 1917/18 in der Nordsee im Geleitschutz.
S 93: Indienststellung Juli 1900.   Einsatz im Küstenschutz, Geleitdienst in der Nordsee im Oktober 1920. Verkauft.
S 94: Indienststellung Juli 1900.   Küstenschutz, Geleitdienst, Kapp-Putsch März 1920, außer Dienst gestellt im Oktober 1920. Verkauft Wilhelmshaven.
S 95: Indienststellung August 1900.   Tender-Küstenschutz, verkauft im Mai 1921, Kiel.
S 96: Indienststellung September 1900.   Tender-Küstenschutz Mai 1921. Verkauft, abgewrackt in Düsseldorf.
S 97: Indienststellung Mai 1900.   Depeschenboot SMS Sleipner, Küstenschutz in der Nordsee, verkauft und abgewrackt in Düsseldorf.
S 98: Indienststellung November 1900.   Tender, verkauft im März 1921 und abgewrackt in Düsseldorf.
S 99: Indienststellung Dezember 1900.   U-Flottille, Geleitdienst, verkauft im März 1921 und abgewrackt in Düsseldorf.
S 100: Indienststellung April 1901.   U-Flottille, Kollision mit Fähre »Preußen« im Oktober 1915.
S 101: Indienststellung April 1901.   U-Flottille, Vorpostendienst, verkauft im Mai 1921.
S 102: Indienststellung Juli 1901.   Küstenschutz, verkauft im Mai 1921.
S 103: Indienststellung September 1901.   Minensuchdivision, Geleitdienst, verkauft im Mai 1921.
S 104: Indienststellung Oktober 1901.   Küstenschutz, Vorpostendienst, verkauft im Oktober 1920.
S 105: Indienststellung November 1901.   Küstenschutz, Vorpostendienst, verkauft im Mai 1921, abgewrackt in Düsseldorf.
S 106: Indienststellung Dezember 1901.   Küstenschutz, Einsatz wie S 105.
S 107: Indienststellung Februar 1902.   Küstenschutz und Schulboot, verkauft im Mai 1921.
G 108: Indienststellung Juli 1902.   Einsatz-Bereich Ausbildung, im März 1921 Abbruch Hamburg.
G 109: Indienststellung Juli 1902.   Einsatz in U-Flt. und Küstenschutz und Geleitdienst, Verkauf im Mai 1921.
G 110: Indienststellung Januar 1903.   Einsatz in Küstenschutz und Geleitdienst, abgebrochen im Juni 1921.
G 112: Indienststellung April 1902.   Einsatz als Schulboot, Tender, verkauft im Juni 1921.
G 113: Indienststellung Oktober 1902.   Einsatz im Küstenschutz, Tender, Geleitdienst, Abbruch in Wilhelmshaven.
S 114: Indienststellung Oktober 1902.   Einsatz im Küstenschutz und Vorpostendienst, Juli 1921. Verkauft, abgebrochen in Kiel.
S 115: Indienststellung März 1903.   Durch Torpedo von engl. U-Boot E 9 versenkt in der Nordsee im Oktober 1914.

Das Torpedoboot »S 130« kam im Küstenschutz zum Einsatz. (Foto: © PD)

S 116: Indienststellung März 1903.
S 117: Indienststellung Mai 1903.
S 118: Indienststellung Juli 1903.
S 119: Indienststellung September 1903.

Alle (S 116 bis S 119) am 17.10.14 durch britischen Kreuzer HMS »Undaunted« versenkt.

S 120: Indienststellung Mai 1904. Einsatz im Küstenschutz, am 28.5.21 verkauft, abgebrochen in Wilhelmshaven.
S 121: Indienststellung Mai 1904. Einsatz im Vorpostendienst, Übergabe an Reichsmarine.
S 122: Indienststellung Juni 1904. Einsatz im Küstenschutz, versenkt durch Mine in der Nordsee im Oktober 1918.
S 123: Indienststellung August 1904. Beschädigt, als Wrack in der Nordsee gesprengt im Mai 1916.
S 124: Indienststellung Oktober 1904. Untergegangen nach Kollision mit dänischem Schiff »Angloade« am 30.11.14 in der Nordsee.
S 125: Indienststellung Mai 1905. Einsatz im V- und Küstenschutz, verkauft im Oktober 1920. Abgebrochen in Hamburg Moor-Burg, Mai 1921.
S 126: Indienststellung April 1905. Gesunken nach Kollision mit Kreuzer »Undine« im November 1905, Ostsee, übergeben.
S 127: Indienststellung Juni 1905. Einsatz als Vorposten und Sicherungsboot, übergeben an Reichsmarine.
S 128: Indienststellung Juli 1905. Einsatz im Krieg als Geleit- und Schulboot, übergeben an Reichsmarine.
S 129: Indienststellung August 1905. Küstenschutz, gesunken nach Grundberührung am 5.11.15 in der Nordsee.
S 130: Indienststellung September 1905. Einsatz als Küstenschutzboot und Tender, übergeben an Reichsmarine.
S 131: Indienststellung Oktober 1905. Einsatz wie oben.
G 132: Indienststellung August 1906. Einsatz als Küstenschutzboot in der Nordsee, übergeben an Reichsmarine siehe S 120.
G 133: Indienststellung Dezember 1906. Einsatz und Verwendung wie G 132.
G 134: Indienststellung März 1907. Einsatz im Küstenschutz bis Kriegsende, am 10.10.21, abgebrochen in Moorburg.
G 135: Indienststellung Januar 1906. Einsatz im Küstenschutz, im Oktober 1921 verkauft, abgebrochen.
G 136: Indienststellung März 1907. Einsatz Geleitdienst. Verkauft an Reichsmarine im August 1921.
G 137: Indienststellung Juli 1907. Einsatz Schulboot U-Boot-Flottille, Übergabe an Reichsmarine siehe S 120.

Deutsche Torpedoboote der 1898er Serie bei Übungseinsatz im Jahr 1914. (Foto: © PD)

Kapitel 6

Das »Große Torpedoboot 1906«

S 138 bis S 149

Insgesamt 59 gebaute Boote, Stapellauf 1907 bis 1908.

Die nächste Bauserie an Großen Torpedobooten entstand in den Jahren 1906 bis 1911 auf den Werften Schichau und Vulcan sowie auf der Germaniawerft. Die Verdrängung der insgesamt 64 Einheiten lag zwischen 684 t und 810 t. Ihre Länge variierte von 71 m bis 74 m. Auch die Boote dieser Baureihe waren für ihre Größe wieder gute Seeschiffe. Die Geschwindigkeit der mit zwei Dreizylinder-dreifach-Expansionsdampfmaschinen ausgerüsteten Zwei-Wellen-Boote lag deutlich über 30 kn.

Die Mehrzahl der Einheiten erhielt jedoch zwei Sätze Dampfturbinen als Antrieb. Außerdem kam auf dieser Bauserie erstmals neben den kohlebefeuerten Kesseln auch ein ölbefeuerter Kessel zum Einbau. Die Torpedoboote »G 169« bis »G 172« hatten im Gegensatz zu den anderen Einheiten einen Drei-Wellen-Turbinenantrieb.

Die Bewaffnung war äußerst verschieden. Die ersten Boote hatten noch drei 45-cm-Torpedorohre. Auf Einheiten der letzten Baujahre kamen vier 50-cm-Rohre zum Einbau. Die Artilleriebewaffnung bestand aus 5,2-cm- und 8,8-cm-Geschützen, war aber sehr unterschiedlich in der Anzahl und der Zusammensetzung der einzelnen Geschütztypen. Bei Bedarf konnten noch zwölf Minen mitgenommen und verlegt werden. Die Besatzungsstärke war weiter angewachsen und umfasste jetzt 80 Mann.

Einzelschicksale

S 138: Indienststellung Juni 1907. Einsatz in verschiedenen T Flottillen, gesunken nach Minentreffer am 7. Juli 1918 in der Nordsee.

S 139: Indienstellung August 1907. Einsatz in verschiedenen T- Flottillen. Übergabe an Reichsmarine.

S 140: Indienststellung Juli 1907. Kriegseinsatz im Küstenschutz, 1933 verkauft an Reichsmarine.

S 141: Indienststellung im September 1907. Nach Kriegseinsatz: Übergabe an Reichsmarine.

S 142: Indienststellung September 1907. Kriegseinsätze im Küstenschutz bis 1918. Verkauft.

S 143: Indienststellung Oktober 1907. Kriegseinsätze im Küstenschütz, versenkt durch Mine.

S 144: Indienststellung Dezember 1907. Kriegseinsatz im Küstenschutz. Als Tender zur Reichsmarine.

S 145: Indienststellung Dezember 1907. Kriegseinsatz bis September 1917, Übergabe an Reichsmarine.

S 146: Indienststellung November 1907. Kriegseinsatz als Tender, Übergabe an Reichsmarine Oktober 1928.

S 147: Indienststellung April 1908. Kriegseinsatz in Geleitflottille, Übergabe an Reichsmarine im Mai 1921.

S 148: Indienststellung März 1908. Kriegseinsatz in Vorpostenflottille, Übergabe an Reichsmarine im Oktober 1928.

S 149: Indienststellung Juli 1908. Kriegseinsatz in Minensuchflottille, Übergabe an Reichsmarine im Mai 1917.

Aus dem Torpedoboot »S 139« wurde ab September 1917 »T 139«. (Foto: © PD)

Das Torpedoboot »S 147« entging der Auslieferung an die Alliierten und wurde 1921 der Reichsmarine übergeben. (Foto: © PD)

Daten und Fakten

Länge:	70,4 m
Breite:	7,8 m
Tiefgang:	3,1 m
Verdrängung:	530 t
Antrieb:	Dreifach-Expansionsmaschinen, 2 Schrauben, 10.000 PS
Reichweite:	k.A.
Geschwindigkeit:	30 kn
Besatzung:	ca. 80 Mann
Artillerie:	1 x 8,8 cm L/35; 3 x 5,2 L/55
Torpedorohre:	3 x 45 cm (3 x 1)

Das Torpedoboot »S 149«, 1908 in Dienst gestellt, tat noch Dienst in der Reichsmarine, bevor es 1927 abgewrackt wurde. (Foto: © PD)

Das »Große Torpedoboot 1906«

V 150 bis G 197

Das Torpedoboot »V 154« war von 1908 bis 1917 als Torpedo-Fangboot im Einsatz. (Fotos: © PD)

»V 158« wurde 1908 in Dienst gestellt und war sogar noch in der Reichs- und Kriegsmarine im Einsatz, zuletzt als Torpedofangboot. 1945 wurde es an die UdSSR ausgeliefert.

Einzelschicksale

V 150: Indienststellung November 1907. Kriegseinsatz in der Hochseeflotte. Untergang durch Kollision mit V 157 im Mai 1915, 60 Tote.

V 151: Indienststellung Januar 1908. Kriegseinsatz bis 24.9.17. Übergabe an Reichsmarine.

V 152: Indienststellung April 1908. Übergabe an Reichsmarine, abgebrochen 1935.

V 153: Indienststellung Mai 1908. Einsatz in U-Flottille, Übergabe an Kriegsmarine, Einsatz als Messschulboot.

V 154: Indienststellung Juni 1908. Einsatz als Torpedo-Fangboot im Krieg, Übergabe an Reichsmarine im September 1917.

V 155: Indienststellung Juli 1908. Einsatz als Schulboot. Abgebrochen in Kiel.

V 156: Indienststellung August 1908. Einsatz als Tender bis 1917, abgebrochen 1945.

V 157: Indienststellung August 1908. Einsatz im Krieg in Reichs- und Kriegsmarine als TF Boot.

V 158: Indienststellung Oktober 1908. Einsatz wie V 157

V 159: Indienststellung November 1908. Einsatz im Küstenschutz, zuletzt russische Beute.

V 160: Indienststellung Dezember 1908. Einsatz und Schicksal wie S 159.

V 161: Indienststellung/Schicksal unbekannt.

V 162: Indienststellung September 1908. Küstenschutz in der Ostsee, versenkt am 15.8.16.

V 163: Indienststellung Juli 1909. Im Krieg Schulboot, ausgeliefert an Royal Navy, verschrottet in Dordrecht.

V 164: Indienststellung August 1908. Kriegs-Einsatz-U-Flottille.

S 165 / S 166 / S 167 / S 168 / S 169: Ersatzbauten für Türkische Marine im August 1909, Einsatz im Schwarzen Meer, Verlust durch Mine und Flieger, nach Kriegsende abgebrochen in Dordrecht.

G 169: Indienststellung April 1909, Einsatz im Küstenschutz bis 1918, abgebrochen in Wilhelmshaven.

G 170: Indienststellung Juli 1909. Küstenschutz in der Nordsee bis 1917, verkauft.

G 171: Indienststellung Januar 1910. Bei Manöver-Einsatz Kollision mit Linienschiff SMS »Zähringen« im September 1912. Untergang mit sieben Toten.

G 172: Indienststellung Januar 1910. Einsatz in der Flotte im Geleitdienst, Minentreffer und Untergang am 7.6.18, 16 Tote.

G 173: Indienststellung Juli 1909. Einsatz als Schulboot, ausgeliefert an UK als brit. Kriegsbeute.

G 174: Indienststellung Juli 1910. Einsatz siehe S 159.

Torpedoboot »V 160«.

G 175: Indienststellung Dezember 1910.	Einsatz als Depeschenboot Sleipner, Kriegseinsatz: Geleitdienst in RM, Verbleib wie S 165.
S 176: Indienststellung September 1910.	Einsatz und Verbleib wie S 165.
S 177: Indienststellung Februar 1911.	Einsatz und Kriegsdienst in der Ostsee, durch Mine versenkt im Dezember 1915, 7 Tote.
S 178: Indienststellung Dezember 1910.	Kollision in Nordsee mit Kreuzer »York« im März 1913, 69 Tote. Nach Hebung Einsatz in U-Jagd-Dienst und im Küstenschutz.
S 179: Indienstellung Oktober 1909.	Einsatz im Küstenschutz, Beuteanteil Brasiliens.
V 180: Indienststellung Januar 1910.	Ab Februar 1918 als T 180. 1920 an Brasilien ausgeliefert.
V 181: Indienststellung Oktober 1909.	Einsatz im Küstenschutz, Schicksal siehe S 179, Beute Japans.
V 182: Indienstellung September 1911.	Einsatz etc. siehe S 181.
V 183: Indienststellung Dezember 1909.	Schicksal siehe S 181.
V 184: Indienststellung Februar 1910.	Schicksal siehe V 183.
V 185: Indienststellung April 1910.	Einsatz im Weltkrieg im Küstenschutz, 1918 Umbau zu Fernlenkboot.
V 186: Indienststellung April 1911.	Einsatz im Krieg in der Nordsee im Küstenschutz und in Torpedobootsflottille, Aufnahme in Reichsmarine im Februar 1918.
V 187: Indienststellung April 1911.	Einsatz in Hochseeflotte, versenkt am 28.8.14 in der Deutschen Bucht gegen britische Kreuzer und Zerstörer, 24 Tote.
V 188: Indienststellung Mai 1911.	Einsatz am 26. Juli 1915 gegen britisches U-Boot, 15 Tote.
V 189: Indienststellung Mai 1911.	Einsatz in Hochseeflotte, Übergabe an Reichsmarine, gestrandet am 22.2.19 an englischer Südküste.
V 190: Indienststellung September 1911.	Kriegseinsatz in Hochseeflotte, US-Beute, Versuchsboot.
G 192: Indienststellung Mai 1911.	Kriegseinsatz, am 28.5.20 britische Kriegsbeute.
G 193: Indienststellung Juni 1911.	Schicksal siehe G 192.
G 194: Indienstellung August 1911.	Kriegseinsatz in Torpedobootflottille Nordsee, versenkt durch britischen Kreuzer »Cleopatra« am 23.3.16, 93 Tote.
G 195: Indienststellung September 1911.	Kriegseinsatz: siehe Schicksal G 192.
G 196: Indienststellung Oktober 1911.	Kriegseinsatz siehe G 192.
G 197: Indienststellung November 1911.	Kriegseinsatz in Geleitflottille, Übergabe an Reichsmarine im Febr. 1918, abgewrackt 1921 in Wales (brit. Kriegsbeute)

Das Torpedoboot »V 189« strandete 1919 an der englischen Südküste. (Foto: Archiv DMB)

In der Ostsee eingesetzt: Torpedoboot »S 177«. (Foto: © PD)

Torpedoboot »V 180«.

Das Torpedoboot »V 186« wurde im Jahr 1911 in Dienst gestellt. (Foto: Sammlung Karr)

Torpedoboot »V 161«. (Foto: © PD)

Daten und Fakten

Länge:	74 m
Breite:	8 m
Tiefgang:	3 m
Verdrängung:	684 bis 875 t
Antrieb:	zwei Dampfkessel,
	zwei Dampfmaschinen,
	2 Schrauben,
	11.000 bis 19.000 WPS
Reichweite:	bis zu 1300 sm
	bei 17 kn
	bis zu 400 sm bei 30 kn
Geschwindigkeit:	30 bis 34 kn
Besatzung:	80 bis 85 Mann
Artillerie:	2 x 8,8 cm L/35
Torpedorohre:	3 x 45 cm (3 x 1)

Kapitel 7

Das »Große Torpedoboot 1913«

V 25 bis G 95

Insgesamt mit 71 gebauten Einheiten die größte Serie an deutschen
Torpedobooten mit folgenden Einzelserien:
- V 25 bis V 30 • S 31 bis S 36 • G 37 bis G 42 • V 43 bis V 48
- S 49 bis S 66 • V 67 bis V 84 • G 85 bis G 95

Verwundete des Torpedobootes »V 69« in einem holländischen Lazarett auf einer Postkarte, die diese an ihren Kommandanten schickten. (Foto: Winfried Boehm)

Ab 1913 begann der Bau einer weiteren Serie von Großen Torpedobooten, die wieder eine größere Verdrängung aufwiesen und damit auch wieder bessere Seeeigenschaften hatten. Sie wurden auch als Mobilmachungs-Typ bezeichnet. In der Zeit vom Juni 1914 bis Dezember 1916 stellten 68 Boote in Dienst.

Im Jahre 1917 folgten nochmals drei weitere Einheiten.
Diese Boote stellten den größten Anteil der aktiven Boote der Kaiserlichen Marine. Sie überschritten erstmals die 1000-Tonnen-Marke. Die Marineführung hielt eine starke Torpedobewaffnung für sinnvoller als eine

»V 69« wurde im Jahr 1916 in Dienst gestellt.

artilleristische Verstärkung. So blieben die deutschen Boote ihren englischen Gegnern im artilleristischen Überwassergefecht immer unterlegen, die stärkere Torpedobewaffnung konnte dies nicht ausgleichen. Auch die schiffbauliche Vergrößerung der Serien ab »S 49« (1915) brachte keine entscheidende Verbesserung.

Die 71 Schiffe wurden auf der Vulcan Werft, der Germaniawerft und der Schichau Werft gebaut. Die ersten zwölf Boote lagen noch bei 975 t Verdrängung, das letzte Boot aus dieser Reihe, das Torpedoboot »G 95«, konnte bereits eine Tonnage von 1147 t aufweisen. Die Schiffslängen dieser Torpedoboote bewegten sich zwischen 79 m und 85 m. Alle Boote waren mit zwei Sätzen Dampfturbinen ausgerüstet, die jeweils auf eine Welle wirkten. Sie erreichten Geschwindigkeiten zwischen 33 kn und 36 kn. Die Befeuerung der Kessel erfolgte mit Öl. Sechs Torpedorohre im Kaliber von 50 cm befanden sich an Bord. Als Artillerie-

bewaffnung waren einheitlich drei Geschütze eingerüstet. Das Kaliber war hingegen mit 8,8 cm und 10,5 cm unterschiedlich. Auch diese Torpedoboote konnten wieder Minen mitnehmen. Je nach Minentyp betrug die Gesamtzahl bis zu 24 Stück. Die Torpedoboote waren mit 83 Mann besetzt.

Daten und Fakten

Länge:	79 bis 85 m
Breite:	8,35 m
Tiefgang:	3,30 m bis 3,90 m
Verdrängung:	975 bis 1147 t
Antrieb:	2 x Dampfturbine
Geschwindigkeit:	33 bis 36 kn
Besatzung:	bis zu 83 Mann
Artillerie:	3 x 8,8 cm / 10,5 cm
Torpedorohre:	6 x 50 cm
Seeminen:	bis zu 24

Das Torpedoboot »V 47« wurde 1918 bei der Räumung Flanderns versenkt. (Foto: Sammlung Karr)

Zwei 1913er Torpedoboote in einem Hafen liegend: »V 71« (links) und das von einem Bombentreffer beschädigte »S 54«. (Foto: © PD)

Vollbesetzter Mannschaftsraum eines Torpedobootes der 1913er Serie. (Foto: © PD)

Torpedoboot »S 66«. Im Jahr 1918 lief es auf eine Mine auf und sank. (Foto: © PD)

Die Torpedoboote »G 37« bis »G 49« nahmen an der Skagerrakschlacht im Jahr 1916 teil.
»G 37« sank aufgrund eines Minentreffers ein Jahr später in der Nordsee, die Boote »G 38«
und »G 40« wurden 1919 in Scapa Flow versenkt.

Ein deutsches Torpedoboot der 1913er Serie (möglicherweise »G 41«) durchbricht die
Schlachtlinie. Im Hintergrund zu sehen: ein Schlachtkreuzer der Derfflinger-Klasse.
(Foto: US Navy, © PD)

»S 63« kam ab 1916 im Torpedoverband »Flandern« zum Einsatz. 1920 wurde das Boot an Italien ausgeliefert. (Foto: © PD)

V 25: Indienststellung 27.1.14.

Einsatz im Küstenschutz, gesunken nach Minentreffer im Februar 1915 in der Nordsee, 79 Tote.

V 26: Indienststellung August 1914.

Kriegseinsatz im Küstenschutz, ausgeliefert im Juni 1920 in Cherbourg an Royal Navy, abgebrochen 1922 in Portland.

V 27: Indienststellung September 1914.

Einsatz in Hochseeflotte, versenkt am 31.5.16 in der Nordsee durch Artilleriefeuer von britischen Kreuzern.

V 28: Indienststellung September 1914.

Schicksal siehe V 27.

V 29: Indienststellung August 1914.

Versenkt durch britischen Zerstörer »Petard« in der Nordsee am 31.5., 43 Tote.

V 30: Indienststellung November 1914.

Einsatz in Hochseeflotte, gesunken auf Internierungsfahrt nach Scapa Flow nach Minentreffer am 20.11.18, 2 Tote.

S 31: Indienststellung August 1914.

Einsatz in Ostsee, im August 1915 gesunken in der Rigaer Bucht nach Minentreffer, 11 Tote.

S 32: Indienststellung September 1914.

Am 22.11.18 interniert in Scapa Flow, selbstversenkt am 21.6.19.

S 33: Indienststellung Oktober 1914.

Einsatz in Hochseeflotte, versenkt am 3.10.18 durch Torpedo von britischem U-Boot L 11, 5 Tote.

S 34: Indienststellung November 1914.

Untergegangen nach Minentreffer am 3.10.18, 69 Tote.

S 35: Indienststellung 4. Dezember 1914.

Einsatz in Hochseeflotte, versenkt durch britische Schlachtflotte am 31.5.1916, 87 Tote.

S 36: Indienststellung 4. Januar 1915.

Einsatz in Hochseeflotte, interniert in Scapa Flow am 21.6.19.

G 37: Indienststellung 4. Januar 1915.

Minentreffer in der Nordsee im November 1917, 4 Tote.

G 38: Indienststellung Juli 1915.

Einsatz in Hochseeflotte, interniert Scapa Flow, selbstversenkt am 21.6.19.

G 39: Indienststellung August 1915.

Einsatz in der Hochseeflotte, am 22.11.18 interniert in Scapa Flow, am 21.6.19 selbstversenkt.

G 40: Indienststellung September 1915.

Einsatz in der Hochseeflotte, interniert am 22.11.18, selbstversenkt im Juni 1919.

G 41: Indienststellung 14.Oktober 1915.

Dienst in der Hochseeflotte, am 3.10.18 bei Brügge versenkt (nicht fahrbereit bei Räumung Belgiens).

G 42: Indienststellung 10. November 1915.

Untergang am 21.4.17 beim Artilleriegefecht in Straße von Dover mit britischen Zerstörern »Broke« und »Swift«, 36 Tote.

V 43: Indienststellung Mai 1915.

Einsatz in der Hochseeflotte, interniert am 21.6.19 in Scapa Flow, Versenkung misslungen, US-Kriegsbeute.

V 44: Indienststellung Juli 1915.

Einsatz in der Hochseeflotte, Endschicksal siehe V 43.

V 45: Indienststellung September 1915.

Einsatz in der Hochseeflotte, interniert in Scapa Flow, dort am 21.6.19 selbstversenkt.

V 46: Indienststellung 31.10.15.

Einsatz in der Hochseeflotte, 1920 französische Kriegsbeute.

V 47: Indienststellung 31.10.15.

Einsatz in Flandern, am 2.11.18 versenkt in der Nordsee durch schwere britische Streitkräfte bei Räumung Flanderns.

S 49: Indienststellung Juli 1915.

Einsatz in der Hochseeflotte, Endschicksal siehe S 32.

S 50: Indienststellung August 1915.

Endschicksal siehe S 32.

S 51: Indienststellung September 1915.

Interniert in Scapa Flow, sinkend gestrandet.

S 52: Indienststellung September 1915,

Einsatz in der Hochseeflotte, interniert in Scapa Flow, britische Kriegsbeute.

S 53: Indienststellung Dezember 1915.

Schicksal siehe S 32.

S 54: Indienststellung Januar 1916.

Schicksal siehe S 51.

S 55: Indienststellung März 1916.

Schicksal siehe S 32.

S 56: Indienststellung April 1916.

Schicksal siehe S 32.

S 57: Indienststellung Mai 1916.

Einsatz in der Hochseeflotte. Untergang im finnischen Meerbusen im November 1916 durch Minensperre.

S 58: Indienststellung Juni 1916.

Einsatz finnischer Meerbusen, Einsatz und Schicksal siehe S 57. S 59: Indienststellung Juli 1916. Einsatz und Schicksal siehe S 58.

S 60: Indienststellung August 1916.

Japanische Kriegsbeute, verkauft an britische Firma, abgebrochen.

S 61: Indienststellung September 1916.

Einsatz in Flandern, im November 1918 versenkt bei Räumung im Terneuzen-Kanal in Belgien.

S 62: Indienststellung November 1916. Einsatz in der Nordsee, versenkt durch Mine im Juli 1918, 27 Tote.

S 63: Indienststellung Dezember 1916. Einsatz in Torpedo-Verband »Flandern«, italienische Kriegsbeute »Ardimentoso« in Cherbourg.

S 64: Indienststellung März 1917. Einsatz in Ostsee, Untergang durch Minensperre im Oktober 1917.

S 65: Indienststellung April 1917. Endschicksal siehe S 32.

S 66: Indienststellung Mai 1917. Untergang durch Minensperre in der Nordsee im Juli 1918, 76 Tote.

V 67: Indienststellung November 1915. Einsatz vor Flandern, Untergang im Terneuzen-Kanal im November 1918 bei Räumung Belgiens.

V 68: Indienststellung Dezember 1915. Einsatz vor flandrischer Küste, Untergang durch Mine im November 1918, 30 Tote.

V 69: Indienststellung Januar 1916. Im November 1918 Untergang durch Minensperre vor flandrischer Küste bei Räumung Belgiens.

V 70: Indienststellung Januar 1916. Einsatz in der Hochseeflotte, interniert in Scapa Flow, dort selbstversenkt am 21.6.19.

V 71: Indienststellung März 1916. Interniert in Stockholm 1918, ausgeliefert an England, im Mai 1920 englische Kriegsbeute.

V 72: Indienststellung März 1916. Einsatz in der Hochseeflotte, im November 1916 Untergang durch Minensperre im finnischen Meerbusen.

V 73: Indienststellung Februar 1916. Einsatz in der Hochseeflotte, Endschicksal siehe V 43.

V 74: Indienststellung März 1916. Untergang bei Minenübernahme (und Explosion) in Zeebrügge im Mai 1918 mit 11 Toten.

V 75: Indienststellung April 1916. Danach Einsatz im finnischen Meerbusen, Untergang durch Minenexplosion im November 1916.

V 76: Indienststellung Juni 1916. Einsatz im finnischen Meerbusen, Untergang nach Minenexplosion im November 1916.

V 77: Indienststellung Mai 1916. Endschicksal siehe V 76.

V 78: Indienststellung Mai 1916. Einsatz in der Hochseeflotte, interniert in Scapa Flow, selbstversenkt am 21.6.19.

V 79: Indienststellung Juli 1916. Einsatz in der Hochseeflotte, ausgeliefert in Cherbourg als frz. Kriegsbeute.

V 80: Indienststellung Juli 1916. Einsatz in der Hochseeflotte, interniert in Scapa Flow siehe V 43.

V 81: Indienststellung Juli 1916. Einsatz in der Hochseeflotte siehe V 44.

V 82: Indienststellung August 1916. Einsatz in Flandern siehe V 44.

V 83: Indienststellung Oktober 1916. Einsatz in der Hochseeflotte, interniert in Scapa Flow, selbstversenkt am 21.6.19.

V 84: Indienststellung November 1916. Einsatz in der Hochseeflotte, Untergang durch Minensperre im Mai 1917, 5 Tote.

G 85: Indienststellung Dezember 1915. Untergang in der Straße von Dover im April 1917 im Gefecht mit englischen Zerstörern, 35 Tote.

G 86: Indienststellung Januar 1916. Einsatz in der Hochseeflotte, interniert in Scapa Flow, Selbstversenkung am 21.6.19.

G 87: Indienststellung Februar 1916. Untergang durch Minensperre in der Nordsee vor der flandrischen Küste im März 1918, 43 Tote.

G 88: Indienststellung März 1916. Einsatz vor flandrischer Küste, versenkt durch britische Schnellboote im April 1917, 18 Tote.

G 89: Indienststellung Juni 1916. Einsatz in der Nordsee, selbstversenkt am 21.6.19.

G 90: Indienstellung Juni 1916. Einsatz in der Nordsee, versenkt durch Minensperre im finnischen Meerbusen im November 1916, 9 Tote.

G 91: Indienststellung Juli 1916. Schicksal siehe G 38.

G 92: Indienststellung August 1916. Schicksal siehe Scapa Flow, G 38 sinkend gestrandet.

G 93: Indienststellung September 1916. Versenkt im März 1918 in der Nordsee, 11 Tote.

G 94: Indienststellung Oktober 1916. Einsatz in der Nordsee, versenkt im März 1918, 12 Tote.

G 95: Indienststellung November 1916. Einsatz vor Flandern, im August 1920 ausgeliefert, britische Kriegsbeute.

G 96: Indienststellung Dezember 1916. Einsatz vor flandrischer Küste, im Juni 1917 versenkt durch Mine im flandrischen Kanal, 4 Tote.

Kapitel 8

Das »Große Torpedoboot 1916 M«

Mit folgenden fünf Einzelserien:
- G 96 • V 125–V 130 • S 131–S 139 • V 140–V 144 • H 145–H 147

Torpedoboot »V 125«. (Foto: Archiv DMB)

»H 146« wurde noch kurz vor Kriegsende in Dienst gestellt und 1920 an Frankreich ausgeliefert. (Foto: Archiv DMB)

Durchbruch der Torpedoboote. (Gemälde von Alexander Kircher)

Das Torpedoboot »S 131« leistete ab 1915 Schul-, Vorposten- und Geleitdienst, wurde 1916 in T 131 umbenannt und 1919 von der Reichsmarine übernommen. 1921 folgte die Abwrackung.

Daten und Fakten

Länge:	82 bis 85 m
Breite:	8,3 m
Tiefgang:	3,4 bis 3,9 m
Verdrängung:	1147 bis 1291 t
Antrieb:	zwei Dampfkessel, zwei Dampfmaschinen, zwei Schrauben 23.500 bis 26.000 WPS
Geschwindigkeit:	32 bis 34 kn
Besatzung:	bis 105 Mann
Artillerie:	3 x 8,8-cm-L/45, später 3 x 10,5-cm-L/45
Torpedorohre:	6 x 50 cm (3 x 2)
Seeminen:	bis zu 40

Der letzte deutsche Typ von Torpedobooten war nochmals größer als seine Vorgänger. Es handelte sich bei ihm um einen verbesserten Entwurf des Mobilmachungstyps »1913 M«. Die erwartungsgemäß eingetretenen Kriegsverluste wurden durch diese kleineren Ersatzserien ersetzt. Ein erkennbarer Gewinn an Kampfkraft wurde jedoch nicht erreicht. Durch die längere Back besaß dieser 1916er-Mobilmachungs-Typ auch bessere Seeeigenschaften. Die Bauserie begann im Jahre 1915. Von den insgesamt 46 geplanten Einheiten stellten allerdings nur noch 19 bis Kriegsende in Dienst.

Fast alle Einheiten überlebten den Krieg und mussten anschließend an die Siegermächte abgeliefert werden. Kriegsbedingt kamen die übrigen nicht mehr zur Fertigstellung. Die unfertigen Rümpfe wurden nach dem Krieg abgebrochen. Die Torpedoboote verdrängten zwischen 1147 t und 1291 t und hatten eine Länge zwischen 82 m und 85 m. Ein Satz Dampfturbinen war als Antrieb für jede der beiden Wellen vorhanden. Damit erreichten die Torpedoboote eine Geschwindigkeit zwischen 32 kn und 34 kn. Die Kessel wurden mit Öl befeuert. Die Hauptbewaffnung bildeten sechs 50-cm-Torpedorohre. Drei 10,5-cm-Geschütze waren als Artillerie an Bord. Darüber hinaus konnten noch bis zu 40 Minen mitgenommen werden. Die Boote besaßen eine Besatzung von 105 Mann.

Einzelschicksale

V 125: Indienststellung August 1917.

V 126: Indienststellung September 1917.

V 127: Indienststellung Oktober 1917.

V 128: Indienststellung November 1917.

V 129: Indienststellung Dezember 1917.

V 130: Indienststellung Februar 1918.

S 131: Indienststellung Februar 1918.

S 132: Indienststellung Oktober 1917.

S 133: Indienststellung Februar 1918.

S 134: Indienststellung Januar 1918.

S 135: Indienststellung März 1918.

Versenkung nach Internierung in Scapa Flow am 21.6.19 misslungen, britische Kriegsbeute.

Schicksal siehe V 125, frz. Kriegsbeute.

Schicksal siehe V 125, japanische Kriegsbeute.

Schicksal siehe V 125, britische Kriegsbeute.

Einsatz in der Hochseeflotte, interniert in Scapa Flow, selbst versenkt am 21.6.19.

Französische Kriegsbeute.

Schicksal siehe S 32.

Schicksal siehe S 51.

Im Juli 1920 als französische Kriegsbeute ausgeliefert.

Schicksal siehe S 133.

Schicksal siehe S 133.

S 136 / S 137 / S 138 / S 139 / V 140 / V141 / V 142 / V 143 / V 144:
Indienststellung Frühjahr / Sommer 1918. Einsatz in der Hochseeflotte, Internierung / Selbstversenkung, Kriegsbeute am 21.6.19 in Scapa Flow.

H 145 / H 146 / H 147:
Die Boote entsprachen zu weiten Bereichen denen des »Großen Torpedobootes 1913« und dessen leicht veränderter Mobilmachungsversion »1913 M«. Die Brücke insgesamt wurde etwas nach achtern versetzt und die Back verlängert. Dadurch wurde die Seefähigkeit deutlich erhöht und die sehr engen Unterbringungsmöglichkeiten an Bord verbessert. Zum direkten Kriegseinsatz kam nur H 145, Indienststellung im August 1918. Auslieferung nach Scapa Flow, dort Selbstversenkung am 21.6.19. H 146 und H 147 wurden französische Kriegsbeute.

Das Torpedoboot »H 147« teilte das Schicksal von »H 146«. (Foto: © PD)

Kapitel 9

Die II. Torpedobootsflottille – eine Sonderformation

B 97, B 98, B 109, B 110, B 111, B 112

Die Einheiten dieser Flottille waren:
• B 97 • B 98 • B 109 • B 110 • B 111 • B 112 • G 101 • G 102 • G 103 • G 104

Die II. Flottille setzte sich aus sechs Booten (B-Serie) zusammen, die ursprünglich für die russische Marine geplant und gebaut, aber wegen des Kriegsausbruches nicht an sie, sondern an die Kaiserliche Marie ausgeliefert wurden. Gleiches galt für die vier Boote (G-Serie), die ursprünglich an Argentinien gehen sollten. Die G-Boote 101 bis 104 waren mit 1734 t geringfügig kleiner als ihre Schwesterboote der B-Serie. Sie passten aber von Bewaffnung und Antrieb gut zusammen und hatten in der Flotte einen ausgezeichneten Ruf. Die Boote wurden offiziell als »Großes Torpedoboot 1914 R« (Auslandsentwurf) bezeichnet, der Entwurf entsprach ziemlich genau einer von Blohm und Voss entworfenen Version der russischen »Nowik«-Klasse. Die Boote wurden nur ungern von der Kaiserlichen Marine übernommen, da sie nach der damaligen Sichtweise des Admiralstabes für den gedachten Kampfeinsatz zu groß waren.

Daten und Fakten

Länge:	98,15 m
Breite:	9,36 m
Tiefgang:	3,87 m
Verdrängung:	1843 t
Antrieb:	Hochdruckkessel,
	Satz Dampfturbinen,
	2 Schrauben
	36.700 bis 421.00 WPS
Geschwindigkeit:	35 bis 37 kn
Reichweite:	2250 bis 2500 sm
	bei 20 Knoten
Besatzung:	115 Mann
Artillerie:	4 x 8,8 cm, dann
	4 x 10,5-cm-L/45
Torpedorohre:	6 x 50
Seeminen:	12 bis 24

Einzelschicksale

B 97: Indienststellung Februar 1915. Einsatz in II. Torpedobootsflottille, ausgeliefert an Italien. Gestrandet als Postboot für Internierungsverband Scapa Flow.

B 98: Indienststellung März 1915. Einsatz nach Waffenstillstand als Postboot in Scapa Flow, am 21.6.19 selbstversenkt.

B 109: Indienststellung Juni 1915. Seit 28.11.19 in Scapa Flow interniert und selbstversenkt.
B 110: Indienststellung Juni 1915. Seit 28.11.19 in Scapa Flow interniert und selbstversenkt.
B 111: Indienststellung Juni 1915. Seit 28.11.19 in Scapa Flow interniert und selbstversenkt.
B 112: Indienststellung August 1915. Seit 28.11.19 in Scapa Flow interniert und selbstversenkt.

Torpedoboot »B 97«. (Foto: © PD)

Das Torpedoboot »B 98« wurde am 15. Oktober 1915 nach Libau geschleppt.
(Foto: Bundesarchiv, Bild 134-C2463, © CC-BY-SA-3.0)

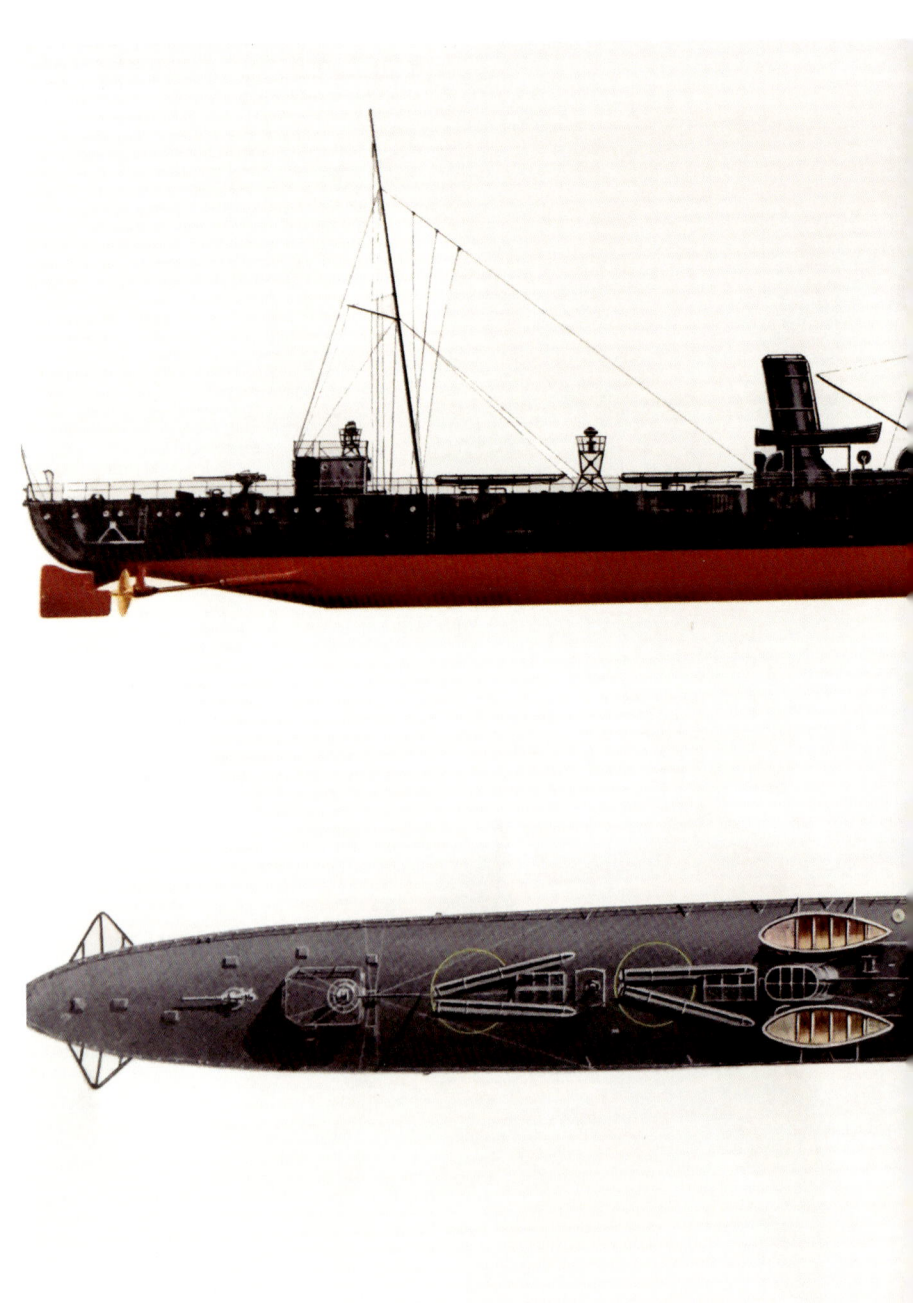

Torpedoboot »B 110« als Aufriss seitlich und von oben.

Die II. Torpedobootsflottille – eine Sonderformation

G 101, G 102, G 103, G 104

Die »G 102« diente ab 1921 als Zielschiff für die US Navy. (Foto: © PD)

Das Große Torpedoboot G 104 von der II. Torpedobootsflottille nahm 1916 an der Skagerrakschlacht und 1917 an der Eroberung der Baltischen IInseln teil. Es wurde 1919 in Scapa Flow selbst versenkt.

Charles Fryatt, Captain des Handels-
schiffes SS »Brussels«, wurde von
den beiden deutschen Torpedobooten
»G 101« und »G 102« im Jahr 1916
gefangen genommen, nachdem er
versucht hatte, ein deutsches U-Boot
zu rammen.
(Foto: Imperial War Museum, © PD)

Daten und Fakten

Länge:	95,30 m
Breite:	9,47 m
Tiefgang:	3,84 m
Verdrängung:	134 t
Antrieb:	vier Marine-Kessel,
	zwei Turbinen,
	zwei Schrauben,
	36.000 bis 42.000 WPS
Geschwindigkeit:	34 kn
Reichweite:	2500 sm
	bei 20 Knoten
Besatzung:	115 Mann
Artillerie:	4 x 10,5-cm-L/45
Torpedorohre:	3 x 50
Seeminen:	bis zu 12

Einzelschicksale

G 101: Indienststellung März 1915.
G 102: Indienststellung April 1915.
G 103: Indienststellung Mai 1915.
G 104: Indienststellung Juni 1915.
Alle Boote: Einsatz im Krieg in der Nordsee,
Internierung in Scapa Flow, dort Selbstversenkung,
gehoben, später abgebrochen.

Kapitel 10

Die »A-Boot«-Formationen

A I-, A II- und A III-Küstentorpedoboot

Das Küstentorpedoboot »A 12«, hier im Jahr 1918 als belgische »A 2 Prince Charles«.
(Foto: Raphodon, © CC-BY-SA-3.0)

A I (Amtsentwurf)

Die Hochseeflotte hatte im September den Bedarf an kleineren und wendigeren Booten angemeldet, die in zerlegtem Zustand an die belgische Küste transportiert wurden. Im Einsatz entsprachen sie nicht den Erwartungen und wurden ab Ende 1915 durch den Typ A II ersetzt, dieser wiederum durch den Typ A III. Insgesamt wurden fast 100 Boote dieses A-Typs gebaut und in zahlreichen Bereichen eingesetzt.

Diese Einheiten »A 1« bis »A 25« wurden bei der Bremer Vulkan Werft gebaut und in Teile

Daten und Fakten	
Länge:	41 m
Breite:	4,6 m
Tiefgang:	1,5 m
Verdrängung:	110 t
Antrieb:	1 x Kolbenmaschine,
	2 x Kohlekessel
Geschwindigkeit:	19 kn
Reichweite:	900 sm bei 12,5 kn
Besatzung:	28 Mann
Artillerie:	2 x 45-cm-Rohre
Torpedorohre:	1 x 5-cm-Geschütz

Bauwerft

A 1 bis A 25:	(V) Hamburg
A 26 bis A 49:	(S) Elbing
A 50 bis A 55:	(S) Elbing
A 56 bis A 67:	(S) Stettin
A 68 bis A 79:	(S) Elbing
A 80 bis A 91:	(V) Stettin
A 92 bis A 95:	(S) Elbing
A 96 bis A 113:	(V) Stettin

zerlegt über die Bahn nach Antwerpen transportiert, da sie für den Einsatz vor der flandrischen Küste vorgesehen waren. Hier erfüllten sie die im Seekrieg an sie gestellten Anforderungen nicht zufriedenstellend.
Auf einen Weiterbau wurde daher verzichtet und mit dem Amtsentwurf A II der Schichauwerft mit der Nummerierung »A 26« bis »A 55« eine fortführende Nummerierung begonnen.

Einzelschicksale

A 1: Indienststellung Januar 1915. Schulboot, abgebrochen in Kiel 1922.

A 2: Indienststellung März 1915. Versenkt durch britische Zerstörer im März 1915 in der Nordsee, 12 Tote.

A 3: Indienststellung Juli 1915. Verschollen bei Marsch nach Danzig seit November 1915.

A 4: Indienststellung Juni 1915. Einsatz vor Flandern, Untergang November 1918.

A 5: Indienststellung Mai 1915. Einsatz vor Flandern, am 15.11.18 interniert in Belgien, Übergabe an belgische Kriegsmarine.

A 6: Indienststellung April 1915. Untergang im März 1918 an der flandrischen Küste durch Artilleriefeuer britischer Zerstörer, 23 Tote.

A 7: Indienststellung Mai 1915. Danach siehe Schicksal A 6.

A 8: Indienststellung Mai 1915. Einsatz vor Flandern, End-Schicksal siehe A 5.

A 9: Indienststellung Mai 1915. Einsatz an flandrischer Küste siehe A 5.

A 10: Indienststellung Mai 1915. Einsatz vor Flandern, Untergang durch Mine im Februar 1918, 19 Tote.

A 11: Indienststellung Juni 1915. Einsatz vor Flandern, Übergabe an belgische Marine im November 1918, siehe A 5.

A 12: Indienststellung Mai 1915. Weiteres Schicksal siehe A 11.

A 13: Indienststellung Mai 1915. Einsatz vor Flandern, am 16.8.17 in Ostende Untergang durch Fliegerbombe.

A 14: Indienststellung Juli 1915. Einsatz vor Flandern, Schicksal siehe A 5.

A 15: Indienststellung Juli 1915. Einsatz vor Flandern, Untergang im August 1915 durch Artilleriefeuer britischer Zerstörer, 15 Tote.

A 16: Indienststellung Juni 1915. Endschicksal siehe A 5.

A 17: Indienststellung Juli 1915. Einsatz in Küstenschutz, versenkt im März 1920 in Kiel bei Kapp-Putsch.

A 18: Indienststellung bei Küstenschutz Kiel, abgebrochen 1922.

A 19: Indienststellung Oktober 1915. Einsatz vor Flandern, untergegangen an flandrischer Küste im März 1918.

A 20: Indienststellung Juni 1915. Untergang im November 1918, Schicksal siehe A 5.

A 21: Indienststellung Juni 1915. Untergang bei Kapp-Putsch im März 1920, Schicksal siehe A 17.

A 22: Indienststellung Juni 1915. Einsatz als Heizboot im Arsenal Kiel.

A 23: Indienststellung November 1915. Einsatz im Küstenschutz, Übernahme in Reichsmarine, in Swinemünde 1924 als Ziel-Boot aufgebracht.

A 24: Indienststellung August 1915. Übernahme in Reichsmarine, am Stützpunkt Swinemünde 1924 als Zielboot verbraucht.

A 25: Indienststellung Juli 1915. Übernahme in Reichsmarine, im Mai 1922 als Heizboot im Arsenal Kiel aufgebraucht.

A II (Amtsentwurf)

Die Boote mit der Nummerierung »A 26« bis »A 49« vom Dezember 1915 und mit einer weiteren Baureihe im Juli 1916 »A 50« bis »A 55« hatten größere Abmessungen als die Serie A I und waren daher hinsichtlich Seefähigkeit und militärischer Möglichkeiten vielseitiger verwendbar. Die Artillerie hatte mit zwei 8,8-cm-Geschützen eine deutlich bessere Angriffsfähigkeit, doch mit nur einem Torpedorohr war der Wert des Bootes bei einem Torpedoangriff nicht sehr hoch einzuschätzen. Die Boote gingen teils per Bahn, teils auf eigenem Kiel zu Teilen an die flandrische Küste zum dortigen Kriegsschauplatz und leisteten damit einen tatsächlichen militärischen Beitrag zur dortigen Kriegsführung.

Daten und Fakten

Länge:	50 m
Breite:	5,3 m
Tiefgang:	2,3 m
Verdrängung:	220 t
Antrieb:	1 x Turbine,
	1 x Öl-Kessel
Geschwindigkeit:	24 kn
Reichweite:	640 kn
Besatzung:	32 Mann
Artillerie:	2 x 8,8-cm-Geschütz, MG
Torpedorohre:	1 x 45-cm-Rohr

Einzelschicksale

A 26: Indienststellung Juli 1916. — Einsatz in Minen-Flottille, abgebrochen in Kiel 1921.
A 27: Indienststellung August 1916. — Einsatz im Küstenschütz vor Flandern, im August 1920 Kriegsbeute Großbritanniens.

A 28: Indienststellung im August 1916. — Einsatz im Küstenschutz vor Flandern, Schicksal siehe A 27.
A 29: Indienststellung September 1916. — Einsatz im Küstenschutz vor Flandern, Schicksal siehe A 27.
A 30: Indienststellung September 1916. — Einsatz im Küstenschutz vor Flandern, Schicksal wie A 25.
A 31: Indienststellung Oktober 1916. — Einsatz im Küstenschutz in der Ostsee, Übergabe an Großbritannien im August 1920.

A 32: Indienststellung Oktober 1916. — Einsatz im Küstenschutz in der Ostsee, untergegangen im Oktober 1917 bei den Baltischen Inseln, Grundberührung.

A 33: Indienststellung Oktober 1916. — Einsatz in der Minenflottille an der Kanalküste, Übergabe an Großbritannien im September 1920.

A 34: Indienststellung Oktober 1916. — Endschicksal siehe A 33.
A 35: Indienststellung Dezember 1916. — Ausgeliefert an Großbritannien im August 1920, siehe A 33.
A 36 bis A 49: Indienststellungen von November 1916 bis Juli 1917. — Alle Boote werden 1920 britische Kriegsbeute.
A 50: Indienststellung August 1917. — Untergang durch Minentreffer im November 1917 in der Nordsee, 18 Tote.

A 51: Indienststellung Juli 1917. — Einsatz im Mittelmeer, Untergang im Oktober 1918 vor Flandern im Küstenschutz. 1920 von Italien gehoben und abgewrackt.
A 52 bis A 55: Indienststellung ab April 1917. — Einsatz im Küstenschutz und in Minensuchflottille, Übergabe an Großbritannien als Kriegsbeute ab September 1920. Abgebrochen bis 1923.

Das Küstentorpedoboot »A 29« kam im Küstenschutz vor Flandern zum Einsatz, wurde 1920 an
Großbritannien ausgeliefert und drei Jahre später abgewrackt. (Foto: © PD)

Küstentorpedoboot »A 47«. (Foto: Raphodon, © CC-BY-SA-3.0)

Die »A 29« hier neben einem deutschen Wasserflugzeug. (Foto: © PD)

A III (Amtsentwurf)

Der steigende Bedarf an kleineren Torpedoboo-ten für den Küstenschutz und den Handels-schutzdienst in der Ostsee machte den Bau von weiteren Einheiten eines erneut verbesserten Amtsentwurfes »A III« notwendig.

Die Boote mit der Nummerierung »A 56« bis »A 95« wurden in drei zeitlichen Schritten jeweils im Juni, Juli und August 1916 an verschiedene mit dem Bau von Großen Torpedobooten bereits vertraute Werften an der Ost- und Nordseeküste vergeben. Im März bis Juli des Jahres 1917 erfolgte die Bauvergabe an weitere Werften.

Die Vergabe von »A 96« bis »A 113« im Juni 1918 wurde zwar geplant, aber wegen der Kriegslage nicht mehr durchgeführt. Allgemein hatten die Boote ausgezeichnete Seeeigen-schaften und ließen sich sehr gut manövrieren.

Daten und Fakten

Länge:	61 m
Breite:	6,4 m
Tiefgang:	2,2 m
Verdrängung:	380 t
Antrieb:	zwei Turbinen 6000 PS, zwei Öl-Kessel
Geschwindigkeit:	25 kn
Reichweite:	800 sm
Besatzung:	46 Mann
Artillerie:	2 x 8,8 cm, 1 x MG
Torpedorohre:	1 x 45-cm-Rohr

Seit 1917 war die »A 59« vor der Küste Flanderns im Einsatz. Im Jahr 1920 wurde das Boot an Polen ausgeliefert. (Foto: © PD)

A 56: Indienststellung April 1917. Einsatz im Minensuchbereich, Untergang nach Minentreffer
im März 1918 in der Nordsee, 16 Tote.

A 57: Indienststellung April 1917. Einsatz wie A 56, Schicksal siehe A 56.

A 58: Indienststellung Mai 1917. Einsatz vor flandrischer Küste, Untergang im August 1918, 3 Tote.

A 59: Indienststellung Juni 1917. Einsatz vor Flandern, Beuteanteil Polens, ausgeliefert im September 1920.

A 60: Indienststellung Juni 1917. Einsatz vor flandrischer Küste. Untergang nach Minentreffer
im November 1917, 17 Tote.

A 61: Indienststellung Juli 1917. Einsatz: Minensuche und Küstenschutz, siehe A 33.

A 62: Indienststellung Juli 1917. Schicksal siehe insgesamt A 61.

A 63: Indienststellung August 1918. Französische Kriegsbeute im September 1920.

A 64: Indienststellung August 1918. Polnische Kriegsbeute im September 1920.

A 65: Indienststellung August 1918. Beuteanteil Englands, übergeben an Brasilien, dort verschollen.

A 66: Indienststellung September 1918. Übergabe an Frankreich im September 1920.

A 67: Keine Indienststellung, nicht fertiggebaut.

A 68: Indienststellung Juni 1917. Polnischer Beuteanteil September 1920.

A 69: Indienststellung Juli 1917. Einsatz in der Ostsee im Küstenschutz, ausgeliefert am 20.9.19 an Polen.

A 70: Indienststellung Juli 1917. Einsatz Unterseeschule, ausgeliefert im September 1920,
japanische Kriegsbeute.

A 71: Indienststellung Juli 1917. Einsatz im Geleitdienst in der Nordsee, Untergang nach Minentreffer
am 4.5.1918, 6 Tote.

A 72: Indienststellung September 1917. Einsatz siehe A 71, Untergang nach Minentreffer wie A 71
im Mai 1918, 25 Tote.

A 73: Indienststellung September 1917. Einsatz im Minen- und Geleitdienst in der Nordsee, Untergang
am 20.1.18 nach Minentreffer in der Nordsee.

A 74: Indienststellung Oktober 1917. Einsatz wie A 73, ausgeliefert im September 1920 siehe A 65.

A 75: Indienststellung Oktober 1917. Einsatz Unterseeschule, weiteres Schicksal siehe A 63.

A 76: Indienststellung November 1917. Einsatz etc. siehe A 75.

A 77: Indienststellung November 1917. Einsatz im Minenkrieg in der Nordsee, Untergang im Januar
1918 nach Minentreffer, 33 Tote.

A 78: Indienststellung Dezember 1917. Einsatz im Geleitschutz in der Nordsee. Endschicksal siehe A 65.

A 79: Indienststellung Januar 1918. Einsatz im Geleitschutz in der Nordsee. Untergang nach
Minentreffer Juli 1918, 53 Tote.

A 80: Indienststellung Dezember 1917. Einsatz Kanal Flandern, Übergabe an Polen am 30.9.20.

A 81: Indienststellung Januar 1918. Geleitdienst im Kanal, Übergabe an Großbritannien im September 1920.

A 82: Indienststellung Juni 1918. Einsatz in Pola im Mittelmeer, siehe A 65.

A 83 bis 85: Gebaut in Kiel, nicht fertiggestellt, dort 1921 abgebrochen.

A 86: Indienststellung März 1918. Einsatz im Geleitdienst im Kanal, ausgeliefert im September
1920 an Frankreich.

A 87: Indienststellung April 1918. Dienst in Minensuchflottille, im September 1920 ausgeliefert an
Brasilien, 1921 an Großbritannien verkauft.

A 88: Indienststellung April 1918. Dienst in Minensuchflottille, britische Kriegsbeute 1920.

A 89: Indienststellung Mai 1918. Schicksal siehe A 88.

A 90: Indienststellung Juni 1918. Dienst in Minensuchflottille im Kanal, im September 1920
britische Kriegsbeute.

A 91: Indienststellung Juni 1918. Schicksal siehe A 90.

A 92: Indienststellung Mai 1918. Dienst in Minensuchflottille, ausgeliefert im September 1920 an Brasilien.

A 93: Indienststellung Juni 1918.

A 94: Indienststellung Juli 1918.

A 95: Indienststellung August 1918.

Gesamtschicksal von A 93–A 95: Einsatz in Minensuchflottille im Kanal, im September 1920
britische Kriegsbeute, abgebrochen 1922/23.

Das Küstentorpedoboot »A 61« diente im Küstenschutz und bei der Minensuche. Im Jahr 1920 wurde es an Großbritannien ausgeliefert. (Foto: © PD)

Küstentorpedoboot »A 62«. (Foto: © PD)

Die 1917 in Dienst gestellte »A 68« – hier während eines Aufenthalts im Hafen – wurde 1920 an Polen ausgeliefert. (Foto: © PD)

Die beiden Küstentorpedoboote »A 69« und »A 89« liegen hier gemeinsam Seite an Seite. Während das erstere Boot nach Kriegsende zu Polen kam, wurde das andere Kriegsbeute von Großbritannien. (Foto: © PD)

Kapitel 11

Die Torpedoboote im Einsatz

Das Jahr 1914

Bei Kriegsausbruch wurden die aktiven und die »Reserve«-Torpedobootsflottillen des Nordseebereiches in den geeigneten Marinehäfen Wilhelmshaven, Cuxhaven und Emden zusammengezogen und abwechselnd in einem aufreibenden Sicherungsdienst in der Deutschen Bucht und der Nordsee eingesetzt. In drei Halbkreisen sollte insbesondere die Deutsche Bucht vor dem überraschenden Eindringen der »Grand Fleet« geschützt werden.

Die Kriegswirklichkeit war jedoch anders als erwartet. Zu geschlossenen Torpedobootsangriffen auf einen gegnerischen Verband, wie in Friedenszeiten im Manöver ständig geübt, gab es keine Gelegenheit. Die erwartete und erhoffte Seeschlacht zwischen Helgoland und Themse blieb aus. Die Hochseeflotte operierte auf Befehl des Kaisers sehr zurückhaltend und auch die britische Hochseeflotte lief nicht sofort aus.

Bei dem dann doch überraschend erfolgten Einbruch von schweren Einheiten der »Grand Fleet« in die Deutsche Bucht am 28. August 1914 bis auf die Höhe von Helgoland kamen auch die Torpedoboote der I. Flottille zum Einsatz. Mutig, aber erfolglos stellten sie sich den überlegenen britischen Einheiten entgegen. Neben drei Kleinen Kreuzern sank auch »V 187«, 24 Soldaten kamen ums Leben. Insgesamt waren die deutschen Aktionen durch organisatorische und fernmeldetechnische Probleme wenig zielgerichtet.

Die Boote der Flottillen wurden im Herbst des Jahres auch als Sicherung für die Einheiten der Hochseeflotte bei deren Vorstößen am 2. und 3. November zur Beschießung der englischen Häfen Hartlepool, Scarborough und Whitby eingesetzt. Am 13. Dezember lief Admiral Franz Hipper erneut zu einer ähnlichen Operation

mit fünf Schlachtkreuzern aus, wobei Boote der Wilhelmshavener Torpedobootsflottillen die Verbandssicherung stellten. Eine heftige Wetterverschlechterung zwang die Kleinen Kreuzer und die Torpedoboote zum Abbruch und zur vorzeitigen Rückkehr in den Stützpunkt Helgoland. Wiederum hatte sich gezeigt, dass im Herbst und Winter die Wetter- und Einsatzbedingungen in der Nordsee schlechter wurden. Die rank gebauten Boote mit ihrer kurzen Back nahmen ab Windstärke 6 und Seegang 5 bei Kursen gegen Wind und Wellen die grüne See bis in die offene Bücke über. Das Vorschiff musste gesperrt werden, und an Waffeneinsatz war nicht zu denken.

Über den Zweck des Seekrieges

(aus »Deutschlands Seemacht« von Georg Wislicenus von 1896)

»Der Seekrieg hat denselben Zweck wie der Krieg am Lande; mit der eigenen Macht Herr des Gegners zu werden, sei es, um seine Angriffe abzuwehren, sei es, um von ihm zu erzwingen, was er gütlich nicht zugestehen will. Der Kampfplatz des Seekriegs ist das ganze Weltmeer; bevorzugt für den Kampf sind die Stellen, wo Angriffe ausgeführt werden können oder abgewehrt werden müssen; also die eignen und die feindlichen Seehäfen, die Flussmündungen und Küsten im Mutterlande und in den Kolonien und die Hauptstraßen des Seehandelsverkehrs der Kriegführenden.«

Die Militärbündnisse in Europa im Jahr 1914. (Karte: Danbornekde, © CC-BY-SA-2.5)

Torpedoboots-Kommandanten im Jahr 1914.

Der Flottenstützpunkt Helgoland im Jahr 1914.

Die Torpedoboote im Einsatz

Das Jahr 1915

Die Briten hatten sich zu einer Fernblockade der Deutschen Bucht entschlossen, die durch die deutsche Hochseeflotte auf Grund ihres eingeschränkten Aktionsradius nicht aufgebrochen werden konnte. Verfolgt man die offiziellen Feststellungen in den Kriegstagebüchern der Flottillenchefs der Torpedobootsflottillen und ihrer Kommandanten, so waren sie mit der Durchführung der ihnen befohlenen verschiedenartigsten Einsätze und Aufträge sicherlich zufrieden. Ihr ursprünglicher Auftrag, für den sie ausgebildet und vorgesehen waren – der geschlossene Einsatz gegen die britischen Linienschiffe im Rahmen einer rangierten Schlacht – war aber nicht einmal ansatzweise in den Bereich des Möglichen gekommen.

Nach dem Krieg äußerten viele Torpedobootskommandanten die Meinung, dass ein geschlossener Angriff der Hochseeflotte im Herbst des Jahres gegen die Überführung des britischen Expeditionskorps nach Frankreich die britische Flotte zur Schlacht gezwungen hätte. Die konsequente Fortsetzung der Beschießung der britischen Küste, wie sie im Herbst 1914 begonnen worden war, hätte ein ähnliches Resultat erbracht. Man beurteilte die Aussichten einer solchen »erwarteten« Schlacht optimistisch:

»Ich bin überzeugt, dass bei einer solchen durchgeschlagenen Schlacht wir mit freudigem Erstaunen einen großen Erfolg erzielt hätten«, zitiert aus einem Leserbrief eines ehemaligen Kommandanten an die »Marine-Rundschau« im Jahr 1970. All dies war bis Ende 1914 nicht eingetreten und auch die folgenden Monate des Jahres 1915 machten es nicht wahrscheinlicher. Der Ausgang des Gefechtes auf der Doggerbank am 24. Januar 1915 war ebenfalls unbefriedigend, da auch hier der Ansatz eines geschlossenen Torpedobootsangriffes u. a mit Booten der Wilhelmshavener Torpedobootsflottillen aus verschiedenen Gründen gescheitert war.

Der Untergang des Panzerkreuzers SMS »Blücher« schmerzte auch die beteiligten Torpedobootsbesatzungen. Zudem wurde immer offensichtlicher, dass der Flottenführung ab Jahresbeginn 1915 bis Frühjahr 1916 an einem Zusammentreffen mit der »Grand Fleet« überhaupt nicht gelegen war – eine Einstellung, die verständlicherweise gerade in der auf Angriff und Aktivität ausgerichteten Torpedobootswaffe großen Unmut hervorrief.

Doch dies bedeutet keineswegs, dass die Torpedoboote untätig im Hafen lagen. Sie wurden nun quasi als »Mädchen für Alles« in den verschiedensten Formen des Seekrieges eingesetzt. Der regelmäßige Vorpostendienst in den Sicherungssystemen der Deutschen Bucht nahm viel Zeit in Anspruch. Aufklärungsvorstöße nach Norden oder bis in den englischen Kanal zusammen mit Kleinen Kreuzern waren regelmäßig erforderlich, um ein Lagebild über den Gegner zu erlangen. Hinzu kamen

Gemälde von Willy Stöwer: Das britische Schlachtschiff HMS »Lion« wird im Seegefecht auf der Doggerbank schwer bschädigt. (Foto: © PD)

Deckungsaufgaben für die zahlreichen Minensuch- und Minenräumverbände in Nord- und Ostsee. Der Minenkrieg nahm immer umfangreichere Formen an und gewann stetig auch an strategischer Bedeutung, da die Aus- und Einlaufwege für Unterseeboote und Kreuzer freigehalten werden mussten. Auch für Minenräumeinsätze wurden Torpedoboote immer mehr hinzugezogen. Verlegungen in die Ostsee im Rahmen der dortigen Seekriegsführung 1915 beim Vormarsch nach Libau wurden zwar als willkommene Abwechslung vom eintönigen Sicherungsdienst empfunden, waren aber wegen der Abwesenheit von der eigenen Stützpunktversorgung eine zusätzliche Belastung für die Besatzungen auf ihren kleinen und engen Booten. Insgesamt führte diese Art von Kriegführung zu einer enormen Abnutzung der Besatzungen und

der Boote. In den Wintermonaten der Kriegsjahre kam es in der Nordsee und besonders in den Flussmündungen regelmäßig zu Eisgang und auf den Booten zu Vereisung der Aufbauten, Geschütze und Torpedorohre. Auch die Wetterbedingungen erschwerten den Einsatz: »Ja, ich weiß vom Torpedoboot her, was es heißt, in schwerer See zu stampfen, wenn einem die blanke See über die Brücke läuft. Mir ist es einmal im 1. Weltkrieg passiert, dass plötzlich der Kompass stillstand und sich nicht mehr drehte, weil durch das harte Einsetzen des Bootes die Kompassrosenspinne verbogen war – und im Nebenquadrat wurde der feindliche Kreuzer gemeldet.« – aus dem Brief eines Kommandanten Jahrzehnte später an ein Familienmitglied. Insgesamt kam die Seekriegsführung in der Nordsee fast zu einem Stillstand.

Der sinkende Panzerkreuzer SMS »Blücher« während des Gefechts auf der Doggerbank. (Foto: © PD

Die Torpedoboote im Einsatz

Das Jahr 1916

Im Frühjahr wurde Vizeadmiral Reinhard Scheer neuer Flottenchef und damit erlebte die Operationsführung eine kräftige Belebung, die von den Besatzungen der Schiffe und Boote mit Begeisterung aufgenommen wurde. Am 30./31. Mai lief die gesamte Hochseeflotte mit allen Torpedobootsflottillen aus. Westlich des Skagerraks trafen beide Flotten aufeinander, es kam zur sogenannten »Schlacht vor dem Skagerrak« oder englisch »Battle of Jutland«.

Die Skagerrakschlacht am 31. Mai 1916 brachte endlich den lang herbei gesehnten Einsatz in geschlossenen Flottillenformationen. Insgesamt sieben Torpedobootsflottillen mit über sechzig Booten waren im Einsatz.

Alle befohlenen Angriffe wurden planmäßig und wie so oft geübt durchgeführt, die erhofften unmittelbaren Erfolge mit sichtbaren Versenkungen gegnerischer Großkampfschiffe blieben jedoch aus. Das war gewiss eine Enttäuschung, wurde jedoch letztlich aufgewogen durch den taktischen Rückzug der englischen Schlachtlinie, die der deutschen Hauptstreitmacht in einer kritischen Phase der Schlacht Entlastung brachte.

Nach der Skagerrakschlacht zeigten die Gegner wenig Interesse an einer Wiederaufnahme der Schlacht. Die Deutschen hatten an allen wichtigen Kampfabschnitten teilgenommen, so auch endlich an dem so oft geübten geschlossenen Angriff fast aller Torpedoboote auf die britische Linie, und dabei keine schweren Verluste erlitten. Erst am 1. Juni früh morgens liefen die Boote der Flottillen wieder ein. Eine besondere Rolle spielte dabei »G 39«. In schwerem englischem Feuer ging es an dem manövrierunfähigen Schlachtkreuzer SMS »Lützow« längsseits und übernahm neben dem Befehlshaber der Aufklärungsstreitkräfte, Admiral Hipper, auch große Teile der Besatzung. Hipper selbst wurde auf SMS »Moltke« übergesetzt und konnte von dort so die Verbands-Führung wieder übernehmen. »G 40« wurde bei dieser Aktion beschädigt, erreichte aber den Stützpunkt Wilhelmshaven. Beflügelt durch diesen offensichtlichen Erfolg, lief die gesamte Hochseeflotte nochmals im August und im Oktober aus. Zu einem Treffen mit den Briten kam es nicht.

Danach blieben die schweren Einheiten beider Seiten im Hafen, der Seekrieg verlagerte sich auf die Torpedoboote und Kreuzer. Die Nordseeflottillen nahmen an zahlreichen dieser Einsätze meist im Küsten-Vorfeld teil. Zu einem neuen Kriegsschauplatz entwickelte sich ab Herbst 1916 / Winter 1917 der Eingang zum Englischen Kanal und die flandrische Küste.

Über die Vorteile der Seeherrschaft:

(aus »Deutschlands Seemacht« von Georg Wislicenus von 1896)

»Im Seekrieg wird um die Seeherrschaft gekämpft, das heißt, die Schlachtflotte sucht den Gegner vom Meere zu verdrängen und in die Häfen zurückzuwerfen oder ganz zu vernichten, um selbst unumschränkt das Meer als große Verkehrsstraße benutzen zu können.«

Vizeadmiral Reinhard Scheer, der neue Flottenchef. (Foto: European Library, © PD)

Vizeadmiral Franz Hipper (Vierter von links), Chef der Aufklärungstruppen, mit Stab.
(Foto: Bundesarchiv, Bild 183-R10687, © CC-BY-SA-3.0)

Seeschlacht vor dem Skagerrak, ...

... **von den Briten »Battle of Jutland« genannt.**

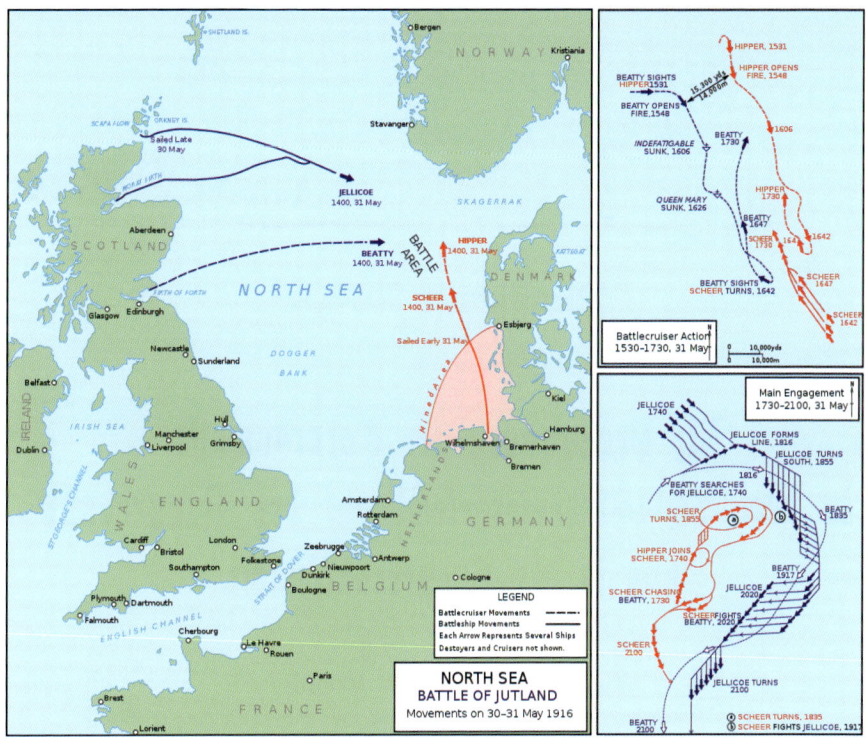

Karte von der Seeschlacht vor dem Skagerrak. (Foto: Grandiose, © PD)

Über die Seestrategie:
(aus »Deutschlands Seemacht« von Georg Wislicenus von 1896)

»Die Seestrategie kann im Seekrieg also defensiv sein, wenn sie sich mit der Abwehr des Feindes begnügen muss, oder sie kann offensiv sein, wenn sie über Streitkräfte verfügt, die die Niederwerfung des Gegners möglich machen. Die Sicherung der eignen Häfen im Mutterlande und wichtiger Punkte im Auslande ist die erste Aufgabe der Seestrategie (...).«

»Die Seestrategie dient mit ihren Hilfsmitteln eigentlich nur der Angriffsflotte, der beweglichen Seemacht, die freilich auch der wirksamste Schutz der Küste ist, dabei aber doch auch die übrigen wichtigen Aufgaben des Seekriegs, Befreiung von der Blockade, Schutz des Seehandels und womöglich auch Angriffe auf die feindlichen Küsten erfüllen kann.«

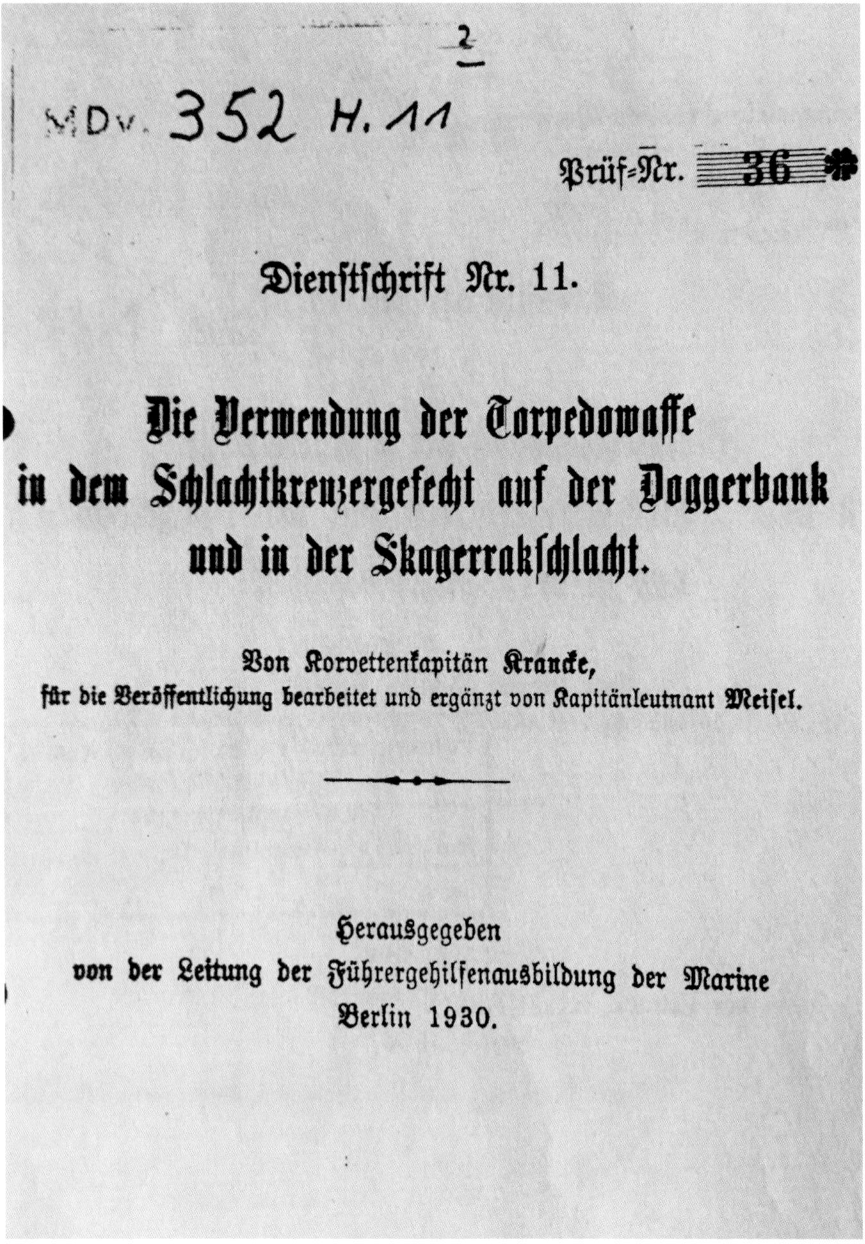

MDv. 352 H. 11

Prüf-Nr. 36

Dienstschrift Nr. 11.

Die Verwendung der Torpedowaffe in dem Schlachtkreuzergefecht auf der Doggerbank und in der Skagerrakschlacht.

Von Korvettenkapitän Kranke,
für die Veröffentlichung bearbeitet und ergänzt von Kapitänleutnant Meisel.

———•◄►•———

Herausgegeben
von der Leitung der Führergehilfenausbildung der Marine
Berlin 1930.

Dienstschrift Nr 11 über die Verwendung der Torpedowaffe im Schlachtkreuzergefecht auf der Doggerbankk und in der Skagerrakschlacht.

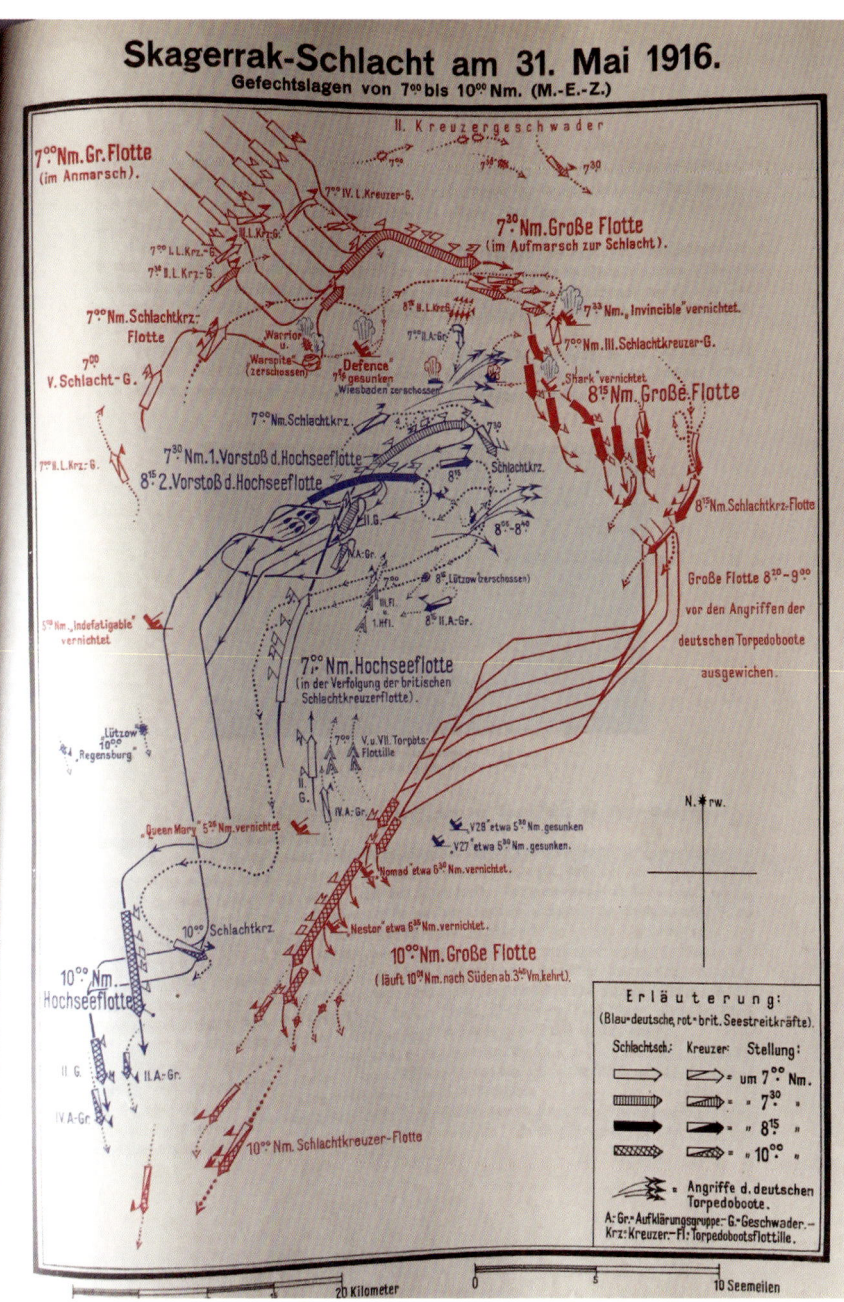

Skagerrak-Schlacht am 31. Mai 1916.
Gefechtslagen von 7⁰⁰ bis 10⁰⁰ Nm. (M.-E.-Z.)

Skizze des Aufeinandertreffens der beiden Kriegsflotten in der Skagerrakschlacht.

Schwere Treffer auf einem Torpedoboot.

Deutsche Torpedoboote im Gefecht mit englischen Monitoren im Küstenvorfeld Flanderns.

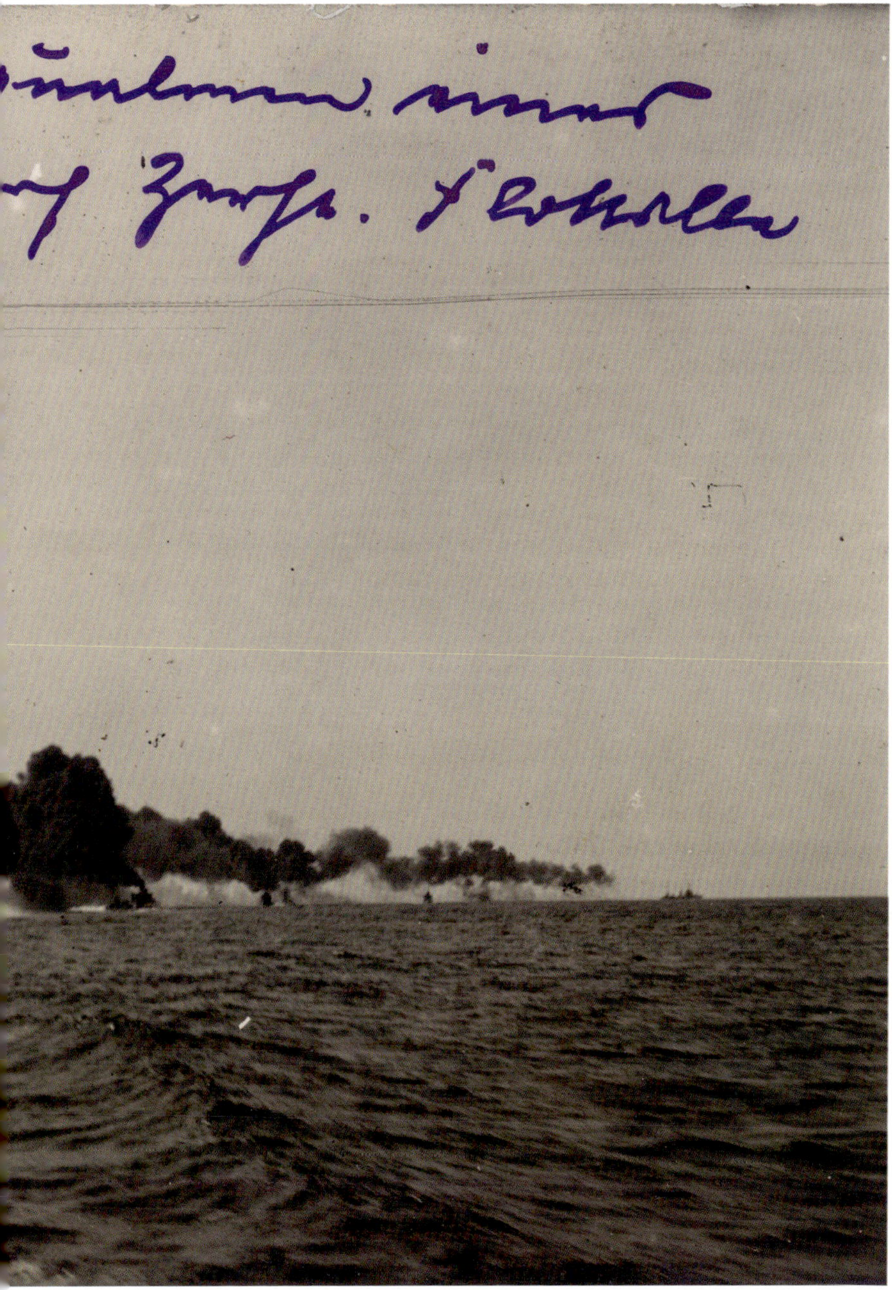

Die Torpedoboote im Einsatz

Die Jahre 1917 und 1918

Alle einsatzfähigen Flottillen wurden in jeweils dreimonatiger Folge in den Kanal nach Zeebrügge verlegt. Ihre Aufgabe war die Bekämpfung des englischen Nachschubes für die Front in Flandern, die Beschießung der englischen Häfen an der Kanalküste und die Verhinderung von englischen Minenlegeoperationen, die den Durchbruch deutscher U-Boote durch den Kanal in den Atlantik erschweren sollten. Für eine derartige Aufgabe waren die deutschen Torpedoboote eigentlich nicht vorgesehen, nun wurden sie nach und nach artilleristisch nachgerüstet, um ihren englischen Gegnern, die zudem meist noch mit Kreuzerunterstützung ausliefen, gewachsen zu sein. Immer nur einzelne Boote der Nordseeflottillen nahmen sporadisch an diesen Einsätzen teil.

Ab Herbst 1916 wurden jedoch durch zwischenzeitliche, aber begrenzte Verlegungen von einzelnen Torpedobootsflottillen nach Oostende und Zeebrügge in den Englischen Kanal die dortigen deutschen Seestreitkräfte regelmäßig verstärkt. In der Folge ergaben sich immer wieder heftige Nachtgefechte gegen englische Verbände, die die von den Deutschen besetzte flandrische Küste attackierten. Die deutschen Torpedoboote wollten dagegen die englische Handelsschifffahrt an der englischen Ostküste bekämpfen, zudem die englischen Sicherungskräfte im Kanal ausschalten, um den eigenen Unterseebooten die sichere Passage durch den Kanal in die atlantischen Einsatzgebiete zu ermöglichen. Diese Kämpfe waren für beide Seiten aufreibend und verlustreich, wobei die Abnutzung der deutschen Einheiten weit größer war, da sie wegen ihrer geringen Anzahl fast ohne Ablösung bis Anfang 1918 in den flandrischen Küstengewässern

im Einsatz waren. Zwischenzeitlich hatten die Kriegserfahrungen zu baulichen Verbesserungen der existierenden Boote und zu Konstruktion und Bau kampfkräftigerer neuer Torpedoboote geführt. Eine längere Back und das größere Freibord verliehen diesen Booten sehr gute See-Eigenschaften. Neben der Minensuch- und Minenräumausrüstung konnten die Boote auch 40 Minen übernehmen. Damit wurden Boote mit der Bezeichnung »V 125–130«, »G 101–104« und »H 145–147« nun vielfältig einsetzbar und näherten sich damit weitgehend dem britischen Verständnis eines dort »Torpedoboot-Zerstörer« (Destroyer) genannten neuartigen Schiffstyps an. Trotz all dieser Bemühungen blieben die deutschen Torpedoboote ihren englischen Gegnern zumeist unterlegen.

Befehlsverweigerungen oder Meuterei hat es auf Torpedobooten der Hochseeflotte bis Kriegsende nicht gegeben. Die für den Flottenvorstoß am 29./30. Oktober 1918 in den Englischen Kanal und in die nördliche Nordsee vorgesehenen Flottillen nahmen ohne jeden Widerspruch ihre befohlenen Auslaufpositionen ein. Später wählten die Besatzungen zumeist ihre eigenen Kommandanten zu Vorsitzenden der von den Soldatenräten geforderten »revolutionären« Schiffsführungen. Diese hielten Disziplin und Ordnung ohne große Probleme auch noch während der Internierungszeit in Scapa Flow oder der befohlenen Auslieferung in englischen Häfen aufrecht. Nach Kriegsende 1918 setzten die Angehörigen der Kaiserlichen Torpedowaffe ihren 1328 gefallenen Kameraden in der Kieler Petrus-Kirche in Gestalt eines zurückschauenden Löwen aus rötlichem Stein ein noch heute existierendes Denkmal.

»V 69« nach dem Gefecht in Ijmuiden.

»V 69« nach der Rückkehr aus Ijmuiden.

Matrosenaufstand im November 1918. (Foto: Bundesarchiv, Bild 183-J0908-0600-002,

Angriff der Torpedobootsflottille »Heinecke« auf die englische Kanalsperre am 15. Februar 1918. Gemälde von Willy Stöwer. (Foto: © PD)

Torpedobootsdenkmal in der Kieler Petrus-Kirche. (Foto 2: Rüdiger Stehn, © CC-BY-SA-2.0)

Kapitel 12

Einsätze in der Ostsee

Der Schwerpunkt der Einsätze insbesondere der aktiven Torpedoboots-Flottillen lag während des gesamten Krieges immer in der Nordsee. Nur für besondere Operationen wurden aktive Flottillen in Ostseehäfen verlegt – meist verbunden mit einer Operation über Skagen, um in der Nordsee zusätzlich einen Überwachungseffekt zu erreichen.

Dies war der Fall bei der Besetzung von Libau im Mai 1915, an der zusätzlich zu den normalen Einheiten unter dem Oberbefehlshaber der Ostseestreitkräfte Großadmiral Prinz Heinrich von Preußen auch solche der Hochseeflotte mit aktiven Torpedobooten zugeteilt waren. Eine ähnliche Operation fand unter Teilnahme der VIII. Flottille im Juli 1915 bei einem Vorstoß in den Finnischen Meerbusen statt. Deutsche Verluste wurden durch Minentreffer der sonst 1916 und 1917 sehr passiven russischen Flotte herbeigeführt. Erst im September mit der Besetzung von Riga und im Oktober 1917 mit der der Baltischen Inseln kam es wieder zu Kampfhandlungen, an denen auch Torpedoboote aktiv teilnahmen. Das war eine wegweisende Operation, weil die Kaiserliche Marine erstmalig und erfolgreich eine amphibische Operation mit dem Heer zusammen ausführte. Mit dem Ausbruch der bolschewistischen Revolution im Oktober und dem Beginn der Waffenstillstandsverhandlungen mit dem Deutschen Reich im Dezember 1917 endete offiziell der Seekrieg in der Ostsee.

Bedienmannschaft am Torpedorohr. (Foto: Bundesarchiv DVM 10, Bild-23-61-28, © CC-BY-SA-3.0)

Torpedoboot nach einem Zusammenstoß.

Minentreffer am Heck eines Torpedobootes.

Kapitel 13

Würdigung und Bilanz

Großes Torpedoboot.

Der vierjährige Kampf der Kaiserlichen Marine im Ersten Weltkrieg liegt nun einhundert Jahre zurück. Die zahllosen Versuche, gleich nach Kriegsende zu Schlussfolgerungen und Bilanzierungen ihrer Leistungen zu kommen, wurde durch die Nähe zum eigentlichen Geschehen und die Verknüpfung der verantwortlichen Führer mit den zu beurteilenden Ereignissen erschwert.

Hinzu kam die schwierige Auswertung sowohl der eigenen als auch der gegnerischen Kriegstagebücher, die für eine unabhängige Geschichtsschreibung unerlässlich ist. Zudem wurde in Deutschland traditionell die militärische Geschichtsschreibung durch eigene, mili-

tärisch geführte und besetzte Stäbe erarbeitet. Trotz dieser Einschränkungen ist das bereits 1920 vom Marine-Archiv begonnene mehrbändige Werk »Der Krieg zur See. 1914–1918«, dessen letzte Bände erst in den 1970er Jahren durch das Bundes-/Militärarchiv abschließend veröffentlicht wurden, eine ausgezeichnete Wissensgrundlage für den eigentlichen Ablauf der Ereignisse. Zusammen mit weiteren Veröffentlichungen aus dem deutschen und insbesondere auch dem angelsächsischen Raum, den persönlichen Beiträgen, Erinnerungen und Beschreibungen von Teilnehmern verschiedenster Bereiche und Dienstgrade an den Ereignissen, sollte nach einhundert Jahren

eine abgewogene und vorurteilsfreie Beurteilung der Leistungen der Kaiserlichen Marine im Seekrieg 1914–1918 möglich sein. Maßstab einer solchen Bilanz können dabei natürlich nur die Verhältnisse, Erkenntnisse und Sichtweisen der damaligen Zeit sein.

Die enttäuschende Tatenlosigkeit der Groß-kampfschiffe im weiteren Verlauf des Krieges wurde zunächst von den Besatzungen und Offizieren einigermaßen gefasst ertragen, führte aber letztlich doch mehr und mehr zu Frust und Missvergnügen bis hin zu disziplinären Ver-stößen im Jahr 1917 und der Meuterei 1918. Dies war nicht der Fall auf den Einheiten, die im steten Kampf und Einsatz waren, bei denen

Offiziere, Unteroffiziere und Mannschaften alle Leiden und Strapazen gleichermaßen ertragen mussten. Hier funktionierte die Menschen-führung durch die Vorgesetzten, die diese in langen gemeinsamen Kriegseinsätzen gelernt und ihre Wichtigkeit anerkannt hatten.

Die Stimmung auf den kleineren Einheiten der Flotte wie Minensuchern, Torpedobooten, U-Booten, Vorpostenbooten, Flugzeugstaffeln und Luftschiffen war deswegen ruhig und ausgeglichen. Die Besatzungen standen in stetigem Einsatz, konnten ihre Aufgaben erfüllen und dem Gegner Paroli bieten. Ihre Einsatzbe-reitschaft und der Wille zu uneingeschränkter Pflichterfüllung waren ungebrochen.

Besatzung eines Torpedobootes.

Kapitel 14

Auslieferung und Selbstversenkung in Scapa Flow

Von links nach rechts: die deutschen Torpedoboote »V 43«, »G 102« und »S 132« (ganz rechts: die amerikanische USS »Redwing«) nach der deutschen Kapitulation unter US-Kontrolle in einem New Yorker Hafen.

Das deutsche Schlachtschiff »Bayern« auf dem Weg zur Übergabe, ohne jemals seine einst brandneuen 15-Zoll-Geschütze abgefeuert zu haben. (Gemälde von: Oscar Parks, © PD)

Deutsche Marine-Offiziere auf dem Weg zur Übergabe der deutschen Hochseeflotte, darunter Konteradmiral Otto Maurer. (Foto: Royal Navy, © PD)

Ein Offizier der Royal Navy inspiziert nach der Kapitulation Deutschlands ein deutsches U-Boot. (Foto: Royal Navy, © PD)

Mit dem Beginn der Waffenstillstandsverhandlungen zwischen Deutschland und den Alliierten begann für die Kaiserliche Marine und deren Führung eine Zeit der völligen Ungewissheit über ihr künftiges Schicksal. Eine Gewissheit gab es allerdings: nach den Unruhen und Meutereien auf einigen Schiffen der Hochseeflotte und der folgenden Machtübernahme durch die Soldatenräte auf fast allen schwimmenden Einheiten und in den Stützpunkten war die Marine als militärischer Machtfaktor ausgeschieden. Sofort nach dem Waffenstillstandersuchen hatten auf Seiten der Entente intensive Überlegungen begonnen, wie mit der Kaiserlichen Marine umzugehen sei. Insbesondere Admiral Beatty – mittlerweile zum Flottenchef der Grand Fleet aufgestiegen – forderte die sofortige Auslieferung der gesamten Hochseeflotte und aller

Die deutsche Hochseeflotte nach der Kapitulation vor Anker bei der Insel Inchkeith im Firth of Forth, einem Meeresarm an der Ostküste Schottlands. (Gemälde von: Charles Pears, © PD)

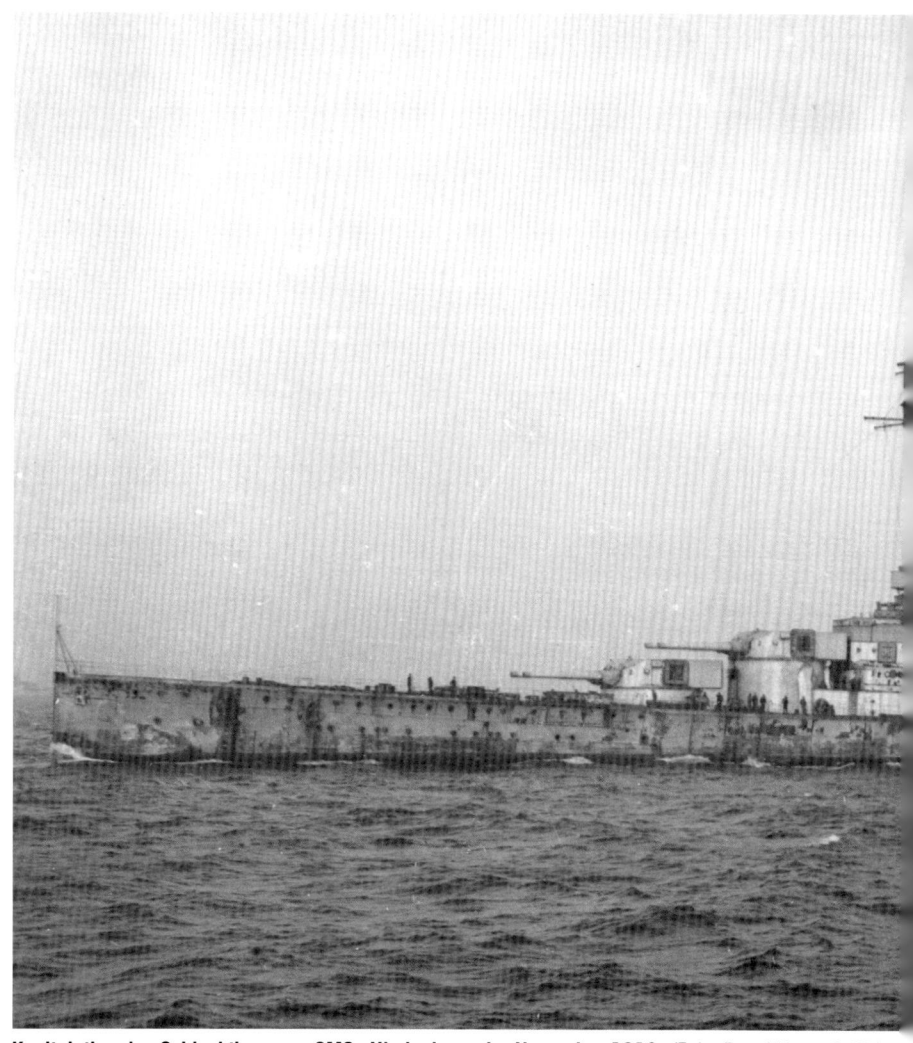

Kapitulation des Schlachtkreuzers SMS »Hindenburg« im November 1918. (Foto: Royal Navy, © PD)

Unterseeboote an Großbritannien, dazu noch die Besetzung der Nordseehäfen, der Inseln Helgoland und Borkum und der Schleusen zum Kaiser-Wilhelm-Kanal in Brunsbüttel und Kiel. Hinter diesen Forderungen verbarg sich die große Unzufriedenheit der Royal Navy und ihrer gesamten Führung an dem für sie so unbefriedigenden Ende des Krieges. Sie hatte es nicht geschafft, die Kaiserliche Marine in offener Seeschlacht zu besiegen, hatte sich in manchen Gefechten taktisch und operativ nicht gerade geschickt verhalten und die Tatsache, dass die Mittelmächte nun um Frieden baten, war letztlich dem erfolgreichen Kampf der

Heerestruppen zu verdanken. Allenfalls konnte man von einem »passiven Sieg« der Royal Navy sprechen.

So waren die Waffenstillstandsbedingungen für die Marine, die im § 23 des entsprechenden Vertragswerkes der deutschen Marine-Delegation am 9. November präsentiert wurden, letztlich weniger hart als ursprünglich von den Alliierten gefordert, aber für die Deutschen trotzdem niederschmetternd.

In den nächsten Tagen sollten 120 Unterseeboote ausgeliefert und alle modernen Schiffe der Hochseeflotte in einem noch zu bestimmenden neutralen Hafen interniert werden. Die deutschen Dienststellen stellten in den nächsten Tagen einen so genannten »Über-

Übergabe von deutschen U-Booten nach der Kapitulation an die Briten. (Foto: Royal Navy und Horace Nicholls, © PD)

führungsverband« zusammen, der unter dem Befehl von Konteradmiral Ludwig von Reuter (1869–1943) stand. Nur mit Mühe gelang es, geeignete Offiziere und Mannschaften für die Überführungsfahrt zu rekrutieren, da mit Ausbruch der Unruhen die Besatzungen zumeist einfach von Bord gegangen waren. Günstig für die deutsche Verbandsführung wirkte sich die strikte Weigerung der englischen Seite aus, mit Vertretern der deutschen Soldatenräte zusammenzukommen oder sie gar als Verhandlungspartner zu akzeptieren. Das führte auf deren Seite zu großer Enttäuschung, denn in ihrem

Weltbild waren die englischen Besatzungen natürlich ebenfalls unterdrückt, geknechtet und bedurften der revolutionären Unterstützung ihrer deutschen Kameraden.

Schließlich lief der »Internierungsverband« am 19. November unter der Kaiserlichen Kriegsflagge und nur mit einem kleinen roten Wimpel im Vortopp – der wurde bei Helgoland niedergeholt – mittags aus Wilhelmshaven aus. Er bestand aus neun modernen Schlachtschiffen, fünf Schlachtkreuzern, sieben Kleinen Kreuzern und 50 Torpedobooten. Einige nicht fahrbereite Schiffe folgten wenig später. Am 21. November

Deutsche Zerstörer kurz vor dem Auslaufen zur Übergabe an die Briten.

erreichte der Verband den befohlenen Treffpunkt vor dem Firth of Forth. Admiral David Beatty schrieb in einem Tagesbefehl »Vergesst nie, dass der Feind ein verächtliches Biest ist.« Das kostete ihn im Gegensatz zu seinem Vorgänger Admiral John Jellicoe über den Tod hinaus den Respekt der deutschen Marine.

Die nach dem Ankern einsetzenden kleinlichen Kontrollmaßnahmen gipfelten in dem Befehl, die kaiserliche Kriegsflagge endgültig niederzuholen. Der deutsche Protest blieb unbeachtet. Auch etlichen englischen Admiralen ging eine derartige Behandlung eines doch mächtigen

und zu Kriegszeiten anerkannten Gegners zu weit: »... da muss allen einstigen Seeleuten angesichts dieser Tragödie, dieser Blamage aller Seekriegstraditionen ein kalten Schauer über den Rücken laufen.« (Lord Chatfield) Mit der Übergabe der Friedensbedingungen an die deutsche Delegation in Versailles am 7. Mai 1919, der gleichzeitigen Verweigerung jeglicher Verhandlungen und der Ablehnung jeglicher Änderungen zu Gunsten des Deutschen Reiches wurde ziemlich deutlich, dass mit einer Rückgabe der Hochseeflotte an den Besitzer Deutschland nicht zu rechnen war. Reuter, sein

Britische Zerstörer eskortieren deutsche Zerstörer in Linienformation auf ihrem Weg nach Scapa Flow. (Gemälde von: Oscar Parks, © PD)

Stab und die verbliebenen Kommandanten begannen mit konkreten Überlegungen. Nochmals wurden – nun auf deutschen Wunsch – die Besatzungen drastisch reduziert. Alle nicht vertrauensvoll mit der Verbandsführung zusammenarbeitenden Soldaten wurden am 17. Juni per Schiff nach Hause geschickt. Am selben Tag erging ein geheimer Vorbereitungsbefehl zur Selbstversenkung.

Auf Grund fehlender bzw. ihm von englischer Seite vorenthaltener Informationen verfestigte sich bei Reuter der Eindruck, dass die Reichsregierung die als unzumutbar empfundenen Friedensbestimmungen ablehnen und deshalb nach Ablauf eines alliierten Ultimatums am 21. Juni der Kriegszustand wieder eintreten würde. Eine unmittelbare Besetzung der wehrlosen deutschen Schiffe müsste die logische und von

englischer Seite auch gewünschte Folge sein. Da andere und weiterführende Informationen auch am 21. Juni nicht vorlagen, befahl Reuter um 11.00 Uhr vormittags mit zuvor geheim verteiltem Signal die sofortige Selbstversenkung aller Einheiten. An Bord der Schiffe und Boote wurden nun in Zusammenarbeit aller Besatzungsmitglieder – Offiziere, Unteroffiziere und Mannschaften – die vorher besprochenen Maß-nahmen umgesetzt: Bodenventile, Torpedorohre und Kondensatoren geöffnet, Verschlusszustände aufgehoben, Außenanschlüsse aufgedreht. Das englische Bewachungsgeschwader war früh morgens ausgelaufen – ein Umstand, der Vermutungen Auftrieb gab und noch gibt, dass die englische Admiralität von den Selbstversenkungsabsichten der Deutschen wusste und ihnen nun zu dem letztlich auch honorigen Tun

Das Torpedoboot »G 102« nach der misslungenen Selbstversenkung in Scapa Flow. (Foto: © PD)

den nötigen Spielraum gab. Bewiesen ist dies nicht; das vorherige englische Verhalten lässt eine solche Sinneswandlung allerdings schwer verständlich erscheinen.

Der allergrößte Teil der deutschen Einheiten sank planmäßig. Admiral Reuter übernahm wohl absprachegemäß jegliche Verantwortung für das Geschehen. In der Heimat und insbesondere auf den nun »Vorläufige Reichsmarine«

genannten Schiffen und Booten in den heimatlichen Stützpunkten wurde die Selbstversenkung nahezu einhellig begrüßt. Die Tat der deutschen Seeleute folgte dem allgemeinen Verständnis und auch den entsprechenden Befehlen in allen Marinen der Welt, dass ein wehrloses Schiff nicht dem Gegner in die Hände fallen darf und deswegen versenkt werden muss. Der etwas zweifelhafte Versuch des Seeoffizier-Korps zu

Ende des Krieges seiner eigenen Ehre durch eine letzte, eher sinnlose Schlacht Genüge zu tun, war nun durch eine gemeinsame Tat aller Besatzungsmitglieder doch noch ehrenvoll und ohne große Verluste umgesetzt worden. Damit konnte die Kaiserliche Marine getrost von der Weltbühne abtreten. Im Januar 1920 trafen die Besatzungen des Internierungsverbandes nach ihrer Entlassung aus der Kriegsgefangenschaft in Wilhelmshaven ein – offiziell begrüßt durch den Chef der Admiralität, Konteradmiral v. Trotha. Auch die deutsche Reichsregierung verhielt sich ähnlich anerkennend und honorig, indem Reichspräsident Ebert Konteradmiral von Reuter mit einer Vorpatentierung zum Vizeadmiral beförderte. Ganz offensichtlich waren alle Seiten mit seiner Entscheidung zur Selbstversenkung der Hochseeflotte einverstanden.

Kapitel 15

Literatur

Hadeler, Wilhelm: **Die Entwicklungsgeschichte des Zerstörers**, in »Soldat und Technik«, Frankfurt am Main, Jahrgang 1959.

Strobusch, Erwin: **Kriegsschiffbau seit 1848**, Bremerhaven 1977.

Gröner; Erich: **Die Deutschen Kriegsschiffe 1815–1945**, München 1966.

Der Krieg zur See 1914–1918. Hrsg.: Deutsches Marine-Archiv, Bd.1 ff. Berlin 1920.

Großes Torpedoboot in Wilhelmshaven. Kolorierte Postkarte von 1914. (Foto: © PD)

WEITERE INTERESSANTE BÜCHER ZUM THEMA

112 Seiten, 87 Bilder,
Format 140 x 205 mm
ISBN 978-3-613-03930-8
€12,– / € (A) 12,40

96 Seiten, 136 Bilder, Format
140 x 205 mm
ISBN 978-3-613-03929-2
€12,– / € (A) 12,40

128 Seiten, 136 Bilder,
Format 140 x 205 mm
ISBN 978-3-613-03831-8
€12,– / € (A) 12,40

128 Seiten, 115 Bilder,
Format 140 x 205 mm
ISBN 978-3-613-03774-8
€12,– / € (A) 12,40

Stand April 2018
Änderungen in Preis und
Lieferfähigkeit vorbehalten.

Überall, wo es Bücher gibt, oder unter
WWW.MOTORBUCH-VERSAND.DE
Service-Hotline: 0711 / 78 99 21 51

WEITERE INTERESSANTE BÜCHER ZUM THEMA

112 Seiten, 133 Bilder,
Format 140 x 205 mm
ISBN 978-3-613-03653-6
€12,– / **€** (A) 12,40

128 Seiten, 165 Bilder,
Format 140 x 205 mm
ISBN 978-3-613-03083-1
€12,– / **€** (A) 12,40

128 Seiten, 187 Bilder,
Format 140 x 205 mm
ISBN 978-3-613-03978-0
€12,– / **€** (A) 12,40

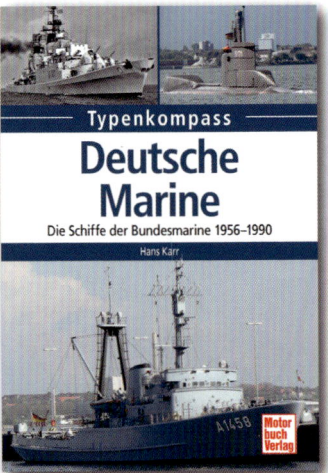

128 Seiten, 183 Bilder,
Format 140 x 205 mm
ISBN 978-3-613-03773-1
€12,– / **€** (A) 12,40

Stand April 2018
Änderungen in Preis und
Lieferfähigkeit vorbehalten.

Überall, wo es Bücher gibt, oder unter
WWW.MOTORBUCH-VERSAND.DE
Service-Hotline: 0711 / 78 99 21 51